高等院校艺术设计专业应用技能型系列教材

InDesign CC
教程

主编◎张春燕　郑建楠

副主编◎李　岩　王雪龙

重庆大学出版社

图书在版编目（CIP）数据

InDesign CC教程 / 张春燕, 郑建楠主编. -- 重庆：
重庆大学出版社, 2021.11
高等院校艺术设计专业应用技能型系列教材
ISBN 978-7-5689-2112-1

Ⅰ.①I… Ⅱ.①张… ②郑… Ⅲ.①电子排版—应用
软件—高等学校—教材 Ⅳ.①TS803.23

中国版本图书馆CIP数据核字（2021）第160236号

高等院校艺术设计专业应用技能型系列教材

InDesign CC 教程
InDesign CC JIAOCHENG

主 编 张春燕 郑建楠

副主编 李 岩 王雪龙

策划编辑：蹇 佳

责任编辑：蹇 佳 版式设计：蹇 佳

责任校对：王 倩 责任印制：赵 晟

重庆大学出版社出版发行

出版人：饶帮华

社 址：重庆市沙坪坝区大学城西路21号

邮 编：401331

电 话：（023）88617190 88617185（中小学）

传 真：（023）88617186 88617166

网 址：http://www.cqup.com.cn

邮 箱：fxk@cqup.com.cn（营销中心）

全国新华书店经销

重庆五洲海斯特印务有限公司印刷

开本：787mm×1092mm 1/16 印张：12.25 字数：330千
2021年11月第1版 2021年11月第1次印刷
ISBN 978-7-5689-2112-1 定价：68.00元

前 言 / PREFACE

InDesign CC是一款Adobe旗下的数字排版设计软件，因其强大的功能，以及易操作的特点，在全球博得了很多用户的青睐。这款软件用于各种杂志、广告、包装、书籍等领域的设计和创作。借助这款业界领先的平面设计软件即可制作用于印刷出版和数字出版的精美文档。

InDesign CC的功能极其强大，对版面设计具有精度控制，从而使版面设计变得非常简单，同时，其内置的各种工具能帮助用户在很大程度上提高工作效率。

本书共分3个单元12课，根据软件学习的特点，由浅入深，从基础知识到综合性技能，再到案例操作，最终将各相关知识串接起来。

第一单元全面介绍了InDesign CC的基础知识，如界面、工作区、首选项等。第二单元主要讲述页面操作，根据完成设计项目的操作顺序，设置了6课内容，包括页面操作、文本操作、图形图像操作、颜色操作、对象操作和表格的使用。第三单元为案例分析，主要讲解书籍与目录、甜品菜单设计、折页设计，让使用者根据实际案例的具体操作真正学习和体验InDesign CC的功能之强大和效率之高。

本书最为显著的特点，就是完全从初级读者的角度出发，内容清晰易懂，实例的选取非常有针对性和实用性，相关内容的讲解循序渐进，以便于读者学习和熟练操作。

本书既可作为教师的好助手，用于高等院校相关专业的InDesign CC软件教学，也可作为学员的引导者，用作相关培训机构的参考书，还可作为设计行业从业人员的自学教材与进阶指南，是设计者的辅助工具。限于编者水平，错漏之处在所难免，敬请读者批评指正。

编者

2021年1月

教学进程安排

课时分配	第一课	第二课	第三课	第四课	第五课	第六课	第七课	第八课	第九课	第十课	第十一课	第十二课	合计
讲授课时	2	2	2	4	4	4	4	2	2	2	2	2	32
实操课时	2	2	2	4	4	4	4	6	2	2	2	2	36
合计	4	4	4	8	8	8	8	8	4	4	4	4	68

课程概况

学习InDesign CC的基础知识，如软件界面、工作区、首选项等，掌握创建文档、页面设置、页面和跨页、主页、页码和单元节、文本变量的方法，熟悉编辑文本的一些基本操作以及相关技巧，绘制图形的一些工具、路径与形状的编辑、图像的置入与编辑；包括颜色填充与渐变填充、编辑描边；包括选择与变换对象、图形的复制与移动、对象的对齐与分布、表格的基本操作以及格式设置和描边、调色等；最终能使用InDesign CC完成书籍、菜单、折页的版面设计与制作。

教学目的

通过本课程的学习，学生能掌握并熟练使用InDesign CC进行排版相关的设计工作，为将来从事书籍设计、绘本设计、折页设计、宣传册设计等相关工作的储备能力。通过理论与实践操作相结合的形式，培养原创设计思维与综合设计能力，为学习专业设计课程打下坚实的软件操作的基础。

目 录 / CONTENTS

第一单元
基础知识

课　　时： 12课时

单元知识点： 本单元介绍InDesign软件以及InDesign CC版新功能，然后概述了软件的基本应用知识，包括工作区、首选项等。本课重点为认识InDesign，了解其功能，以及工作区和首选项的操作内容。

第一课　初识InDesign CC

1.InDesign 简介

InDesign是Adobe公司在1999年9月1日发布的一款新型设计排版软件，虽然上市的时候很受欢迎，但是由于软件本身存在缺陷，很快被淹没在浩瀚的软件市场中。随着Adobe公司的研发，它的功能日益强大：可以制作、印前检查和发布用于印刷出版和数字出版的精美文档。InDesign 具备制作海报、书籍、数字杂志、电子书、交互式 PDF 等内容所需的功能。

InDesign是一款定位于排版领先的全新专业设计软件，虽然相对于Photoshop、Illustrator以及Pagemaker，它出道较晚，但功能反而更加完美与成熟。目前最新版本的InDesign CC，能够通过内置的创意工具和精确的排版控制，为出版物设计出极具吸引力的页面版式。

2.InDesign CC新功能介绍

InDesign CC的诞生主要是为了适应Windows7系统，增添的新功能并不是很多，主要表现在设计和排版布局、跨页设计等方面，以助于提高设计的效率。

（1）新建文档页面

InDesign CC对【新建文档】页面进行了更新（图1-1），增加了【最近使用项】和【已保存】两个选项，并且在移动设备选项中添加了适用于移动设备和平板电脑的新预设，以适用于 iPhone 6、iPhone 6 plus、Surface、Kindle 等的移动设备预设。

（2）对象样式面板

【对象样式】面板是用来快速统一调整对象属性的命令集合，新的 InDesign 对象样式面板增添了大小和位置选项，此选项可以设置和修改文档中多个页面上的对象大小和位置。通过点击【窗口】|【样式】|【对象样式】或者快捷键Command+7组合键打开对象样式面板（图1-2）。在对象样式选项中可以设置对象的位置（X 和 Y 坐标）和大小（高度和宽度）选择并设置需要的值（图1-3）。

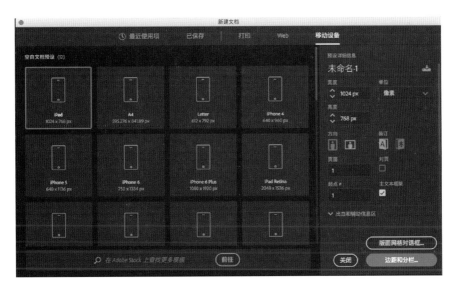

图1-1

图1-2

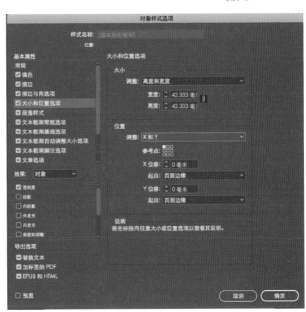

图1-3

（3）段落边框命令

InDesign CC在【段落】中又添加了边框命令，这个命令是用来对段落添加边框，每个段落加一个外描边框，可以通过右侧按钮调整边框的色彩（图1-4）。并可以通过【段落】对话框中右上角下拉菜单中的边框和底纹命令调整边框的样式（图1-5）。

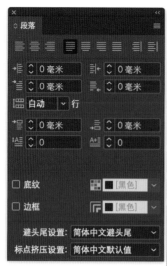

图1-4

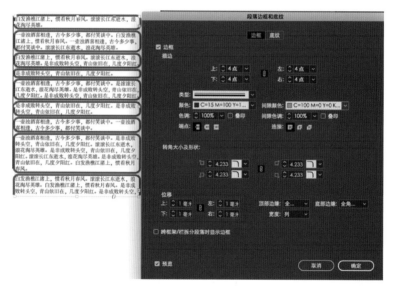

图1-5

（4）字体过滤器

InDesign CC针对字体调整添加了字体过滤器功能，当我们对页面中的字体进行更换的时候，在字符面板中可以看到面板顶部的【过滤器】命令（图1-6）。其中包含衬线字体、粗衬线字体、无衬线字体等分类，选择以后会出现相应的字体类别，但此项主要针对英文字体操作。

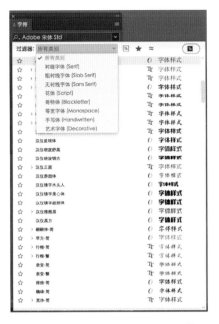

图1-6

（5）尾注

InDesign CC可以添加尾注并在较长的文档中快速引用批注。在文档或文单元中插入尾注，这样会为该文档创建一个尾注框架。通过点击属性栏【文字】【文档尾注选项】打开尾注对话框（图1-7），可以控制尾注的编号、格式等。具体的编号将依据尾注在文本中的重新排列而自动调整。另外还可以使用导入选项，导入含有尾注的 Word 文档。所有尾注都将导入并添加在一个新的文本框架中。

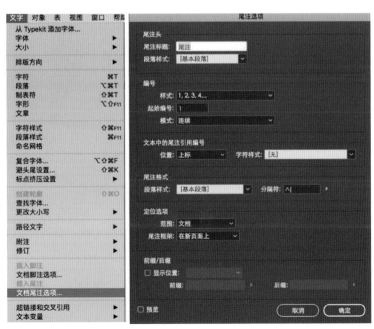

图1-7

第二课　工作区简介

　　工作区集合了各种元素，如面板、栏以及窗口，来创建和处理文档和文件。这些元素的任何排列方式都称为工作区。当启动InDesign并创建一个文件后，工作区即可显示。它包含了【程序栏】【菜单栏】【工具栏】【状态栏】等常用工具。

1.启动InDesign CC

　　在每次启动InDesign时都会出现欢迎界面（图2-1）。然后会显示有【最近使用项】命令，页面右侧显示最近打开文档的名称，我们可以点击这些名称打开相应的文档（图2-2）。

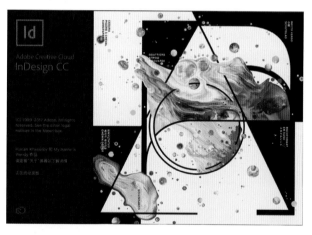

图2-1 InDesign CC欢迎界面

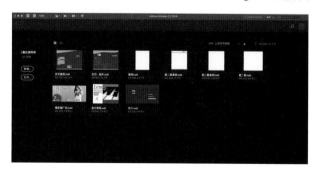

图2-2

点击【新建】命令，打开【新建文档】对话框，对话框内容包括最近使用项和已保存文件，另外还设有打印、Web、移动设备等预设功能，单击相应的图标可以创建文件（图2-3）。

2.程序栏

【程序栏】位于InDesign软件界面的顶部，主要包括：软件图标、Bridge Adobe Stock转换键、缩放大小、视图选项、屏幕模式、排列文档、Publish Online工具区切换器、信息查找和关闭按钮（图2-4）。

3.菜单栏

【菜单栏】位于软件界面上端，【程序栏】下方，包括【文件】【编辑】【版面】【文字】【对象】【表】【视图】【窗口】【帮助】9个菜单命令，每一个菜单又包括了多个子菜单，有些子菜单后面会有小的黑色三角，表示菜单后还会有子菜单。当菜单中命令为浅灰色，则表示该命令在目前状态下不能执行。某些菜单后面会标有"…"省略号标志，表示会有对话框弹出，通过这些应用命令可以完成大多数基本操作（图2-5）。

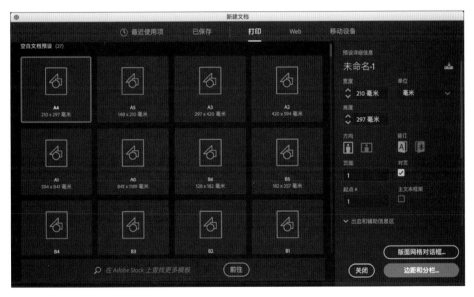

图2-3

图2-4　InDesign CC程序栏

| InDesign CC | 文件 | 编辑 | 版面 | 文字 | 对象 | 表 | 视图 | 窗口 | 帮助 |

图2-5　InDesign CC菜单栏

4.工具箱

　　【工具箱】的默认位置是在InDesign界面的左侧，也可以根据用户的需求拖动到其他的地方，里面包含了InDesign大部分工具。另外，其展开式工具箱里面包括了与该工具功能相类似的工具，可以更方便、快捷地进行绘图与编辑（图2-6）。

5.控制栏

　　【控制栏】在标题栏的下方。当在【工具箱】中选择不同的工具时，【控制栏】的状态是不相同的，也就是说【控制栏】的状态是随着选择工具的变化而变化的。【控制栏】中的选项可以辅助我们运用当前选择的工具，提高编辑的工作效率（图2-7）。

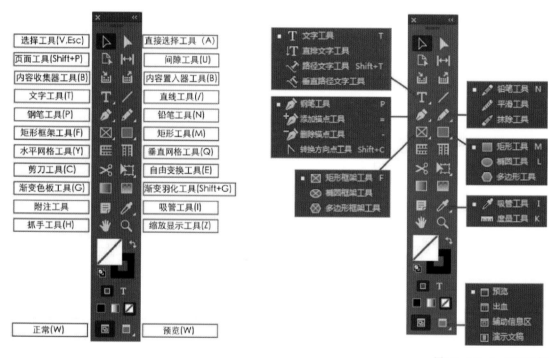

图2-6　InDesign CC工具箱

图2-7　InDesign CC控制栏

6.图标面板

在InDesign中，图标面板位于界面的右侧，默认情况下它是以面板组的形式出现，对当前文档的图层、文字、颜色等进行设置。同Photoshop、Illustrator一样，InDesign的图标面板也是可以拆分、组合、关闭或隐藏的，这种自由化的组合拆分给使用者个性化的设置权利，也有利于软件界面的优化（图2-8）。

图2-8　图标面板

7.状态栏

【状态栏】位于文档页面的底部（图2-9），用于显示文档显示比例以及当前文档的【页码】【页码的选择】【印前检查信息】【文件的存储信息】。单击【存储信息按钮】可弹出三个选项：

图2-9　状态栏

①在【资源管理】中显示：此选项可以在文件系统中显示当前文件；

②在【Bridge】中显示：此项命令表示在Adobe Bridge软件中显示当前文件，并可以在Bridge中查看文件效果；

③在【Mini Bridge】中显示：此项命令表示在Adobe Mini Bridge中显示当前文件。

8.快捷菜单和快捷键

【快捷菜单】是当我们鼠标经过某项菜单时弹出的子菜单，【快捷菜单】的显示根据鼠标位置和选择的变化而变化，同时在菜单后面会显示该项命令的快捷键。这是一种人性化的显示方式，更有利于我们记忆快捷键，加快操作速度。

【快捷键】的使用可以大大提高我们的工作效率，运用快捷键并不是高手的专利，在我们初学软件时就要熟悉并运用快捷键，将使运用快捷键变成一种习惯。

在I【编辑】菜单栏中；可以查找到InDesign所有的快捷键。在这个对话框中，InDesign向使用者提供了两种快捷键设置方式：一是可以自定义常用功能快捷键；二是可以引入其他排版软件的快捷键。例如PageMaker 7.0、QuarkXPress 4.0等同类软件的快捷键（图2-10）。如果觉得这些快捷键都非常难记，InDesign还提供了可编辑的键盘快捷键，这样就可以根据自己的操作习惯，重新定义对应于菜单命令的快捷键。

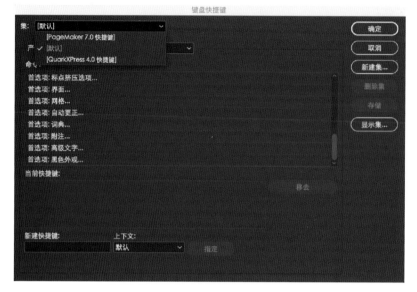

图2-10　键盘快捷键

9.存储和加载工作区

　　当我们以自己习惯的方式设置完一个面板和菜单后，就可以把他们的位置和状态存储起来，这样就可以根据不同的操作任务来设置不同的面板，减少屏幕上的面板数。

　　要存储工作区，我们可以点击菜单栏中的【窗口】|【工作区】|【新建工作区】，这时会弹出新建工作区对话框，输入工作区的名称，点击确定便可以保存，并将其添加到工作区列表中。

　　如果工作区位置被改动，我们可以点击【窗口】|【工作区】|【重置工作区】，来恢复它们的位置和状态。同样，要删除某个工作区可以点击【窗口】|【工作区】|【删除工作区】，这个时候会弹出删除工作区对话框，选定要删除的工作区名称，点击删除即可（图2-11）。

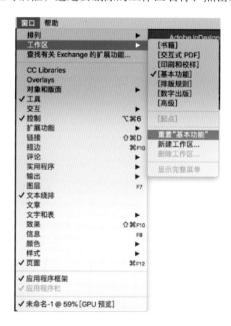

图2-11　存储和加载工作区

第三课 首选项

对于InDesign的软件，首选项是必须要了解的。在【编辑】菜单栏中可以设置【首选项】菜单，它的快捷键是Command+K。【首选项】对话框包含了对【界面】【文字】【排版】【参考线】【网格】等的一系列的设置。通过设置可以改变软件的外观显示，自定义出适合自己习惯和需求的操作界面。

1.常规首选项

【首选项】【常规】里包括【页码】【字体下载和嵌入】【缩放时】。

【页码】包括【绝对页码】【章节页码】。

【字体下载和嵌入】是根据字体所包含的字形数来指定触发字体子集的阈值。这一设置将影响【打印】和【导出】对话框中的字体下载选项。

【缩放时】可以决定缩放对象在面板中的形式，以及缩放框架的内容和方式。当选择应用于内容时，文本框的缩放和文本的缩放是同时的；而选择调整缩放百分比时，缩放文本框文本的大小保持不变。

单击【重置所有警告对话框】以显示所有警告，甚至包括所选的不予显示的警告（图3-1）。

2.界面首选项

【首选项】里的【界面】为用户提供了自定义界面的方法，主要包括【工具】【工具提示】【位置光标】【面板】。

在【面板】中可以选择【浮动工具面板】的显示方式，可以设定为单栏、双栏或是单行。

选择【工具提示】命令后，当我们的鼠标停留在某工具上时，InDesign会显示一个工具信息的小窗口。这项命令有利于初学者记忆工具名称和快捷键，当操作比较熟练后，便可以关闭此项功能。

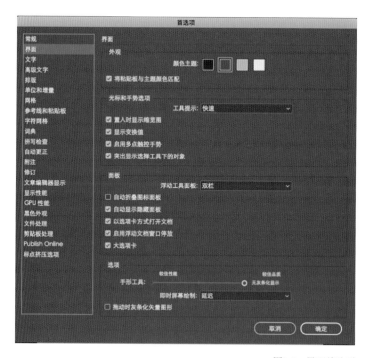

图3-1　常规首选项

图3-2　界面首选项

　　【置入时显示缩略图】在选择位置光标后，当我们要置入文件时，光标会显示导入文件的缩略图，此时便可以清晰地预览导入的内容，但同时也会使系统运行的速度减慢。

　　【面板】选择【自动折叠图标面板】后，用户将面板拖动到屏幕任意一侧，它都会以图标的形式显示，当使用完停放的面板后，InDesign会将此面板关闭（图3-2）。

3.文字首选项

【首选项】中的【文字】包括【文字选项】【拖放式文本编辑】以及【智能文本重排】。

【文字选项】主要是用来设置文本的显示方式。InDesign中可以为不同的语言指定不同的引号。如果在【首选项】对话框的【文字】部分选择了【使用弯引号】选项，则在键入时将自动显示这些引号字符。

如果选中【文字工具将框架转换为文本框架】选项，使用【文字工具】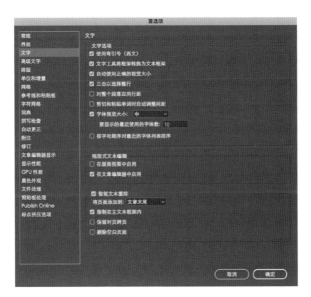，在任一空框架内部单击，则空框架将转换为文本框架。若要阻止文字工具将框架转变为文本框架，可以取消该项选择。

【自动使用正确的视觉大小】可以强迫字体使用与文本一致的视觉大小轴。

选择【三击以选择整行】后，在InDesign默认单击三次可选择整行。如果希望单击三次可选择段落，则取消选择该选项。

【对整个段落应用行距】表示可以在同一段落中应用多种行距，一行文字中的最大行距决定该行的行距。不过，可以通过选择首选项，将行距应用到整个段落，而非段落内的文本，且该设置不影响现有框架中的行距。

选择【剪切和粘贴单词时自动调整间距】后，在剪切和粘贴文本时，InDesign会根据上下文自动添加或删除空格。此功能主要用于处理罗马文本且仅在"字符"面板中将要粘贴的罗马文本设置为罗马语言时，才能使用。

选择【字体预览大小】后，可以在【字符】调板中的字体系列菜单和字体样式菜单中查看某一种字体的样本，也可以从字体的应用程序的其他区域中进行查看。取消该项会加快字体菜单的显示速度。

在选择【拖放式文本编辑】【在版面视图中启用】可以在版面中启用拖放编辑；选择【在文章编辑器中启用】，便可以在文单元编辑器中运用拖放编辑。

【智能文本重排】可以设置将页面添加到文章末尾、单元节末尾或文档末尾（图3-3）。

图3-3 文字首选项

4.高级文字首选项

　　【首选项】中的【高级文字】可以控制更多的文本格式，主要包括【字符设置】【输入法选项】【缺失字形保护】的设置。

　　【字符设置】在将上标或下标应用于文本时，通过对大小和未知的设定，可以设置字符偏离基线的位置。

　　【小型大写字母】就是小号的大写字母，即与小写字母一样高，外形与大写字母保持一致。

　　【缺失字形保护】是指一般情况下，InDesign 会提供保护措施，防止键入当前字体不支持的字符，及防止在字体不包含一个或多个所选字形的情况下将该字体应用到所选文本。但是，用户可以通过关闭首选项设置来取消这种保护（图3-4）。

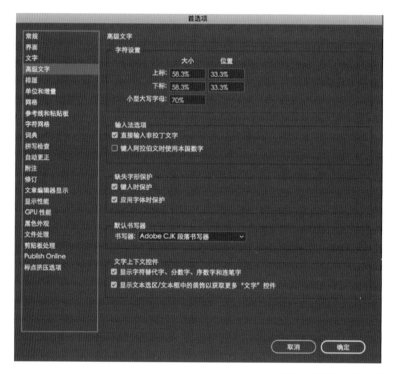

图3-4　高级文字首选项

5.排版首选项

　　【首选项】中的【排版】项可以使文字适合于页面。【排版】的设定与文本编排的各方面相关，其中包括突出显示、文本绕排、标点挤压兼容性模式。

　　【突出显示】这个选项可以帮助用户发现排版问题，以免出现印刷错误。在软件发现排版错误后，会在文本后面绘制一条彩带，来突出显示文本。

【文本绕排】可以将文本绕排在任何对象周围，包括【文本框架】【导入的图像】以及在
InDesign 中绘制的对象。应用文本绕排时，InDesign 会在对象周围创建一个阻止文本进入的边界。
文本所围绕的对象称为绕排对象。文本绕排也称为环绕文本。但是文本绕排选项仅应用于被绕排的
对象，而不应用于文本自身。如果用户将绕排对象移近其他文本框架，对绕排边界的任何更改都将
保留（图3-5）。

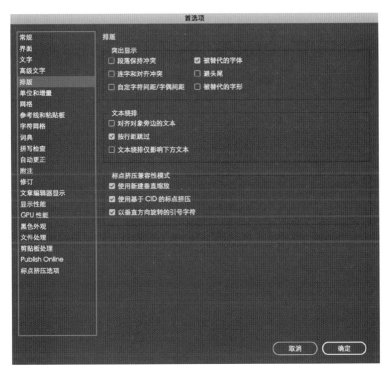

图3-5　排版首选项

6.单位和增量首选项

运用【首选项】中的【单位和增量】首选项用户可以根据自己的习惯设置度量单位。【单位和
增量】主要包括【标尺单位】【其他单位】【点/派卡大校】【键盘增量】（图3-6）。

7.网格首选项

在InDesign中有【基线网格】和【文档网格】两种类型的网格显示。

【基线网格】是以指定间距大小来划分页面的一组水平参考线；【文档网格】是以指定间距大
小来划分页面的水平和垂直参考线。我们可以设置两种参考线的颜色、间隔以精确对版面中的元素
定位（图3-7）。

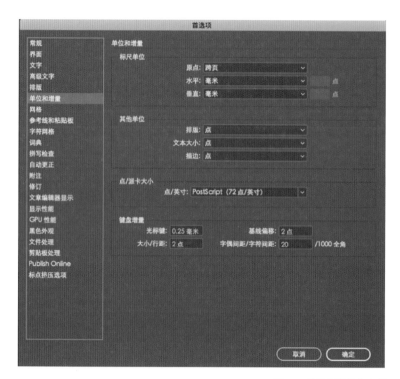

图3-6　单位和增量首选项

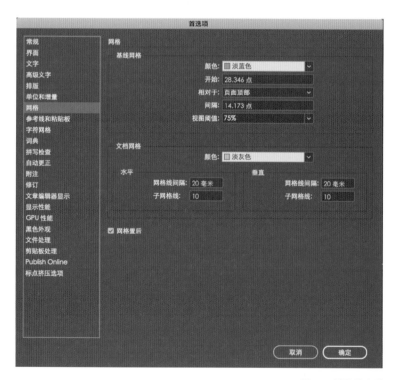

图3-7　网格首选项

8.参考线和粘贴板首选项

运用【参考线和粘贴板】可以控制页边距和分栏参考线的颜色，以及粘贴板上出血和辅助信息区参考线的颜色，以便于区分【正常】和【预览】模式。InDesign 还可以对参考线与对象靠齐范围，参考线显示在对象之前还是之后以及粘贴板的水平和垂直边距进行设置（图3-8）。

9.词典首选项

【词典】选项可创建其他用户词典，还可以导入或导出以纯文本文件存储的单词列表（图3-9）。

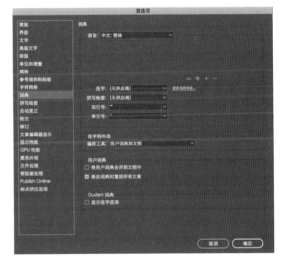

图3-8　参考线和粘贴板首选项　　　　　　　　　　　　　　　　图3-9　词典首选项

10.拼写检查首选项

【拼写检查】可以对选定范围的文本或文档中的所有文章进行拼写检查。那些拼写错误或未知的单词、连续键入两次的单词（如"the the"），以及可能有大小写错误的单词都会突出显示。除了可在文档中进行拼写检查之外，还可以启用动态拼写检查以便在键入时对可能拼写错误的单词加上下划线。

在检查拼写时，会使用为文本指定的语言词典。可以向字典中添加单词，对其进行自定（图3-10）。

11.自动更正首选项

当启动【自动更正】首选项时，InDesign会自动对输入时拼写错误文本进行更正（图3-11）。

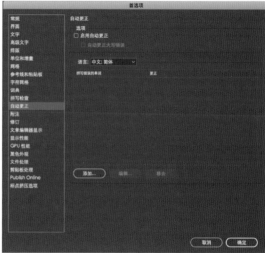

图3-10　拼写检查首选项　　　　　　　　　图3-11　自动更正首选项

12.附注首选项

　　【附注】中的【选项】可以用来设置文档中附注的颜色等外观显示（图3-12）。

13.文章编辑器显示首选项

　　在 InDesign 中【文章编辑器】首选项可以设定文档中文章窗口的外观，在文章编辑器窗口中撰写和编辑时，可以按照【首选项】中指定的字体、大小及间距显示整篇文章，而不会受到版面或格式的影响。也可以在文章编辑器中查看对文本所执行的修订。文本编辑器的作用就是便于对文章进行编辑（图3-13）。

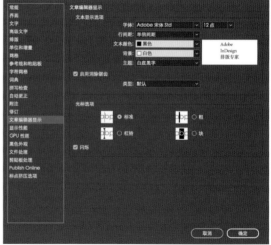

图3-12　附注首选项　　　　　　　　　　　图3-13　文章编辑器显示首选项

14.显示性能首选项

【显示性能】用于设置软件屏幕上文本和图形的显示。【显示性能】的设置为打开所有文档的默认选项。在显示栅格图像、矢量图形以及透明度方面，每个显示选项都可独立设置。这些选项控制着图形在屏幕上的显示方式，但不影响打印品质或导出的结果，只是通过设置可以加快用户绘制或重绘屏幕的速度（图3-14）。

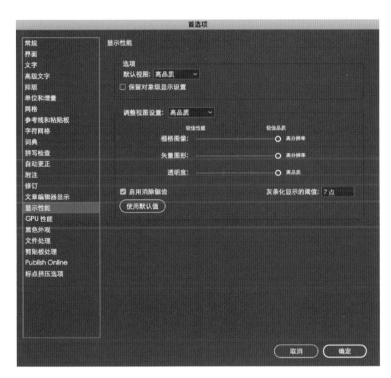

图3-14 显示性能首选项

15.GPU性能

GPU作为显示系统的一部分，是用来快速执行处理和显示图像命令的专业处理器。GPU 的加速计算功能可以为各种设计、动画和视频应用程序提供速度更快的性能。InDesign 将以更快、更平稳地方式运行。在 InDesign 中使用 GPU 所带来的性能提升可为【动画缩放】等功能提供便利，从而平稳地以动画方式执行缩放操作（图3-15）。

16.黑色外观首选项

在进行屏幕查看、打印到非PostScript桌面打印机或者导出为RGB文件格式时，纯 CMYK黑(K=100) 将显示为墨黑（复色黑）。如果想看到印刷商打印出来的纯黑和复色黑的差异，可以更改

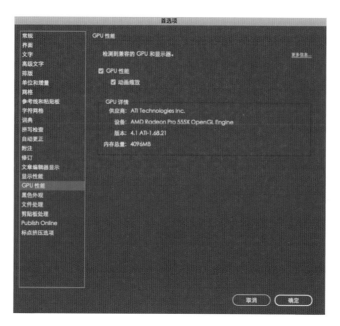

图3-15　GPU性能

【黑色外观】首选项。此首选项不会更改文档中的颜色值。

　　【屏幕显示】

　　精确显示所有黑色：将纯 CMYK 黑显示为深灰。本设置允许用户查看纯黑和复色黑之间的差异。

　　将所有黑色显示为复色黑：将纯 CMYK 黑显示为墨黑 (RGB=000)。此设置使纯黑和复色黑在屏幕上的显示效果一样。

　　【打印】/【导出】

　　精确输出所有黑色：如果打印到非 PostScript 桌面打印机或者导出为 RGB 文件格式，则使用文档中的颜色数输出纯 CMYK 黑。本设置可查看纯黑和复色黑之间的差异。

　　将所有黑色输出为复色黑：如果打印到非 PostScript 桌面打印机打印或者导出为 RGB 文件格式，则以墨黑 (RGB=000) 输出纯 CMYK 黑。本设置确保纯黑和复色黑的显示相同（图3-16）。

17.文件处理首选项

　　【文件处理】首选项主要是用来设置InDesign临时文件以及Version Cue的储存位置。其中包含了【文档恢复数据】【存储InDesign文件】【片段导入】以及【链接】（图3-17）。

18.剪贴板处理首选项

　　在InDesign中，可以运用【剪贴板】首选项来设置处理剪贴板的方法将复制文件信息写到系统剪贴板上，即可一遍把信息粘贴到其他文件（图3-18）。

图3-16　黑色外观首选项

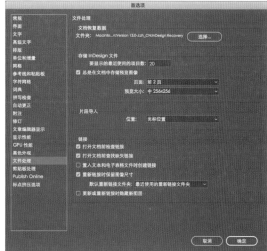

图3-17　文件处理首选项

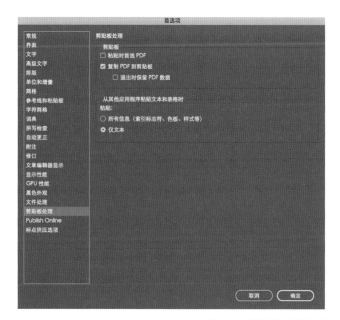

图3-18　剪贴板处理首选项

19.修订首选项

通过【首选项】的设置可以控制许多【修订】选项。【修订】可用于添加、删除或移动文本。此外，还可以设置每个修订类型的外观，并且在边距中用带有颜色的更改条来标识更改（图3-19）。

20.标点挤压首选项

可以通过对【首选项】中的【标点挤压选项】的设置，可调节各种字符、标点符号、特殊符号、行首、行尾和数字的间距。但对朝鲜语文本标点挤压是不适用的（图3-20）。

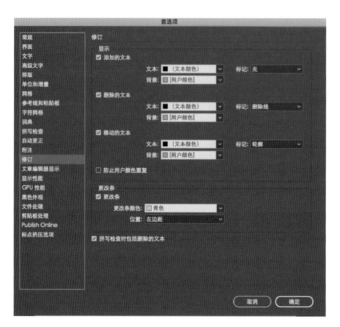

图3-19　修订首选项

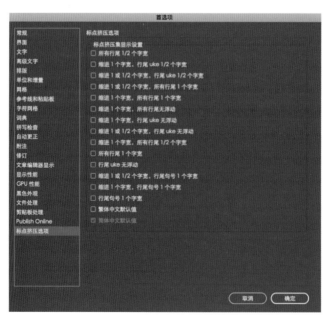

图3-20　标点挤压首选项

第二单元
工具操作

课　　时： 44课时

单元知识点： 阐述软件中文档的创建、打开、存储，页面中的网格、参考线的操作，页面和跨页、主页、页码和单元节的设置。

InDesign软件文本的操作，包括文本框、串接文本、文本编辑、设置文本格式和段落格式、使用字符样式和段落样式以及文本绕排等。

主要讲述Indesign CC不仅可以绘制和编辑各种图形，还支持多种图像格式，可以方便置入其他格式的图像，与多种作图软件进行转换工作，并通过"链接"面板来管理在出版物中置入的图像文件，使排版版面丰富多彩。

第四课　页面操作

1.创建文档

创建文档是InDesign中最基本的操作，也是进行排版和设计工作的前提。

（1）新建文档

双击InDesign的启动图标，打开软件，此时界面左侧会出现【新建】和【打开】选项，点击【新建】按钮便弹出新建文档对话框，开始文件的新建（图4-1）。

另外，我们还可以从菜单栏中选择【文件】|【新建】|【文档】命令（图4-2），开始文件的新建。

图4-1　新建文档

图4-2　新建文档命令

当我们选择【新建文档】命令后，会显示最近使用项和已保存文件尺寸的大小预设；另外还设有打印、Web、移动设备等预设尺寸，单击相应的图标可以创建文件。还可以通过右侧选项自定义新建文档的页面大小、页面方向、装订方式、页面数量、页面的出血和辅助信息区（图4-3）。

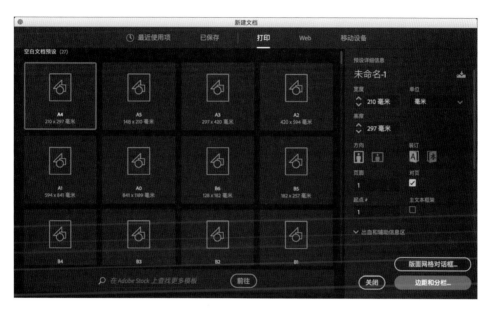

图4-3　【新建文档】对话框

【宽度】和【高度】用于设定新建文档的尺寸。我们可以在页面大小选项中选择预设好的页面尺寸，也可以在【宽度】【高度】文本框中输入数值，设定需要的页面大小。

【方向】页面的摆放有【横向】和【纵向】两个方向。

【装订】设定书籍装订的方向。装订选项有从左到右和从右到左两种方式，一般正常书籍为左装订即从左到右，特殊书籍为右装订即从右到左，例如古书籍，但会影响页边距设置和页面调板中的显示方式。

【页面】用于设置新建文档的页面数量。在【页面】选项后有【对页】和【主页文本框架】复选框，如果勾选【对页】复选框，那么新建出的文档以跨页形式出现，跨页奇数和偶数页面彼此相对，对页选项多用于书籍、画册、杂志等出版物。若不勾选【对页】复选框，新建出的文档则以单页显示，页面之间互不干扰，多用于宣传单页、海报、招贴等。勾选【主页文本框架】复选框，将创建一个与边距参考线区域大小相同的文本框架，并与所指定的栏设置相匹配，并且此文本框架会被添加到主页A中。

【起点】指定文档的起始页码。如果用户选中【对页】并指定了一个偶数（图4-4），则文档中的第一个跨页将以一个包含两个页面的跨页开始。

【出血】一般设计预设的尺寸总是比成品尺寸大，多出来的边是要在印刷后裁切掉的，目的是避免裁切后的成品露白边或裁到内容。这个要印出来并裁切掉的部分就称为出血。通常出版物的出血值都设置为3毫米（图4-5）。我们可以选择【视图】|【屏幕模式】|【出血】来查看出血页面的显示效果。

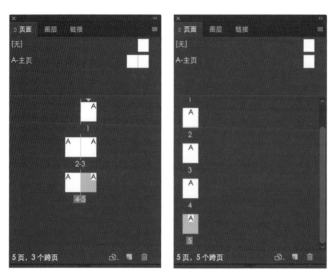

图4-4　对页、非对页效果

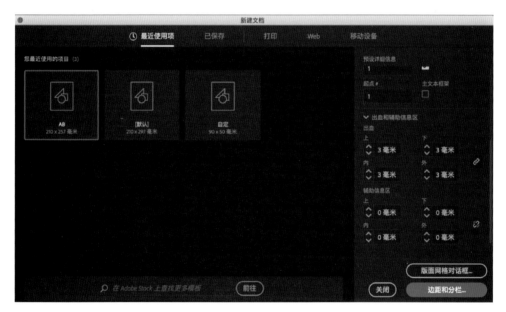

图4-5　出血设置

【辅助信息区】用来放置打印信息和自定义颜色条信息。还可以显示文档中其他信息的说明和描述，定位在辅助信息区中的对象将被打印，但将文档裁切为最终页面大小时，该对象将消失，辅助信息区将被裁掉。超出出血或辅助信息区外的对象将不被打印。

（2）创建新文档

在InDesign中，可以选择【版面网格对话框】【边距和分栏】两种方法创建新的文档。一般

【版面网格对话框】适用于汉语，【边距和分栏】适用于英语。

①以【版面网格对话框】创建新文档。

当我们在【新建文档】对话框中选择，以【版面网格对话框】创建新文档，会弹出【新建版面网格】对话框（图4-6）。

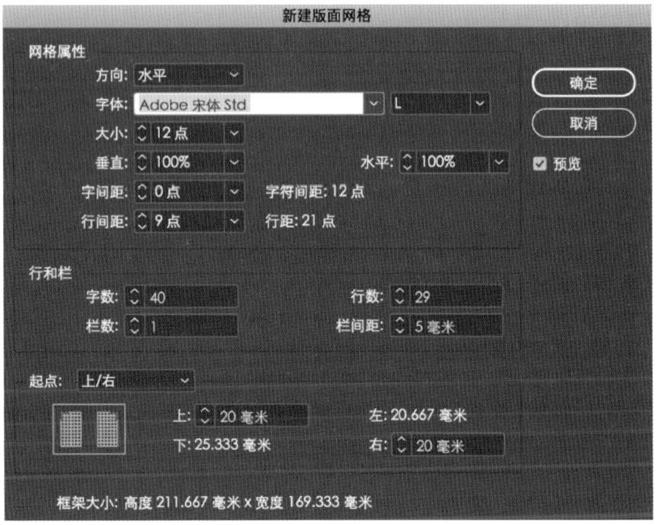

图4-6 【新建版面网格】对话框

通过【新建版面网格】对话框我们可以设置【网格属性】【行和栏】【起点】等。

【方向】包含垂直和水平两个选项，选择水平可使文本从左向右水平排列，选择垂直可以使文本从上往下竖直排列。

【字体】设置文字的字体样式。

【大小】设置文字的大小，也可以设定版面网格中各个单元格的大小。

【垂直】设置网格中字体的垂直缩放比例。

【水平】设置网格中字体的水平缩放比例，网格的大小也随着垂直和水平数值的变化而变化。

【字间距】设置网格中文字与文字之间的距离，若输入正值，数值越大单元格之间的间距越大，若输入负值，网格将显示为互相重叠。

【行间距】设置网格中文字行与行之间的距离，若输入正值，数值越大网格行与行之间的间距越大，若输入负值，网格行与行将重叠。

【字数】设置每行的文字数量。

【行数】设置每页中网格的行数。

【栏数】设置每个页面中的分栏数。

【栏间距】设置栏与栏之间的距离。

【起点】设置网格在页面中开始的位置，从而调整页面中网格的位置。点击【起点】选项，从弹出的菜单中可以选择上/外、上/内、下/外、下/内、垂直居中、水平居中和完全居中，7个选项。

在【起点】选框中有上、下、内、外四个选项，我们可以通过设置这些选项数值来调整网格和页边之间的距离。并且【起点】中选项的不同，可以设置的选项也不相同。

设置完需要的【网格属性】【行和栏】【起点】以后，单击【确定】就可以创建一个以【版面网格对话框】为基准的新文档，如果要对已经应用的【版面网格对话框】文档进行修改，可以选择【版面】【版面网格】|命令，打开【版面网格】面板重新设置。

②以【边距和分栏】创建新文档。

相比【版面网格对话框】创建新文档的烦琐，【边距和分栏】创建新文档则比较简洁，尤其是在应用英语时操作更加简单。我们可以在【新建文档】对话框中，点击【边距和分栏】按钮，打开【新建边距和分栏】对话框（图4-7）。

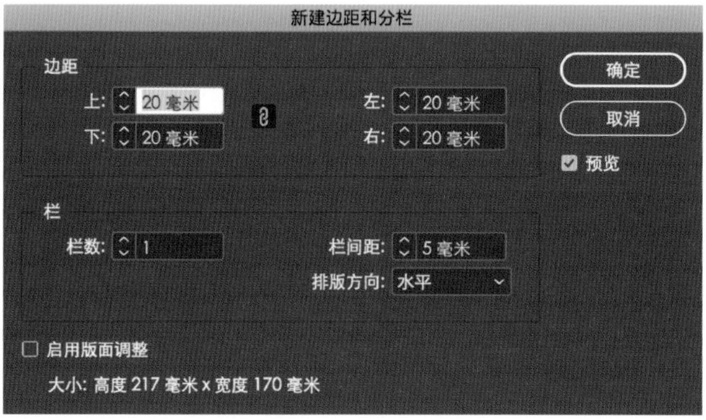

图4-7

【边距】设置版心到页边之间的距离。如果在【新建文档】中勾选【对页】复选框，那么边距名称【左】【右】将变成【内】【外】。

【栏数】设置每个页面中的分栏数。

【栏间距】设置栏与栏之间的距离。

【排版方向】设置分栏的方向，可以选择【水平】和【垂直】两个选项，也可以通过此项设置网格的排版方向。

设置完需要的边距、栏、栏间距和排版方向等信息后，单击【确定】就可以创建一个以【边距和分栏】为基准的新文档。如果要对已经应用的【边距和分栏】文档进行修改，可以选择【版面】|【边距和分栏】命令，打开【边距和分栏】面板重新设置。同时也可以通过【视图】|【网格和参考线】|【显示版面网格】命令，版面将以网格形式显示。

2.页面设置

InDesign 提供了很多设计时需要的辅助工具，这些辅助工具可以在【视图】菜单中找到。本部分将详细讲解【标尺】【参考线】【网格】等的具体操作。

（1）标尺与刻度单位

【标尺】既可以用来显示鼠标的坐标位置，也可以精确地确定对象的位置。默认状态下标尺为显示状态，出现在现用窗口的顶部和左侧。

【显示标尺】和【隐藏标尺】当标尺处于隐藏状态时，可以选择【视图】|【显示标尺】命令，让标尺在窗口中显示；当标尺处于显示状态，点击【视图】中的【隐藏标尺】，窗口中的标尺将隐藏显示。

更改标尺【单位和增量】通过设置首选项，我们可以对标尺的刻度和单位等进行设置。具体操作为：选择【编辑】|【首选项】|【单位和增量】命令，打开【单位和增量】选项进行设置（图4-8）。

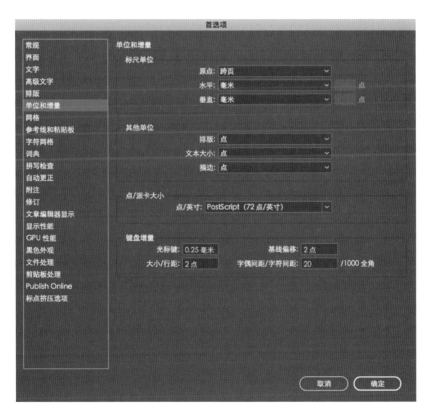

图4-8　【单位和增量】首选项

（2）参考线

参考线是辅助精确设计用作参考的线，方便我们将画面中的图像对齐，它只起辅助作用，打印时并不会出现。我们可以移动、删除、锁定参考线，使它更方便我们在设计中的运用。

【创建参考线】首先要显示标尺，可以参照前面的内容，启动标尺。创建的参考线有两种：页面参考线和跨页参考线。

页面参考线：页面参考线是只能在当前页面中显示和使用的参考线。将鼠标放置在水平标尺位置，按住鼠标右键向下拖动，移动到合适的位置释放鼠标，即创建水平参考线，同样，将鼠标放置在垂直标尺位置，按住鼠标向右移动，移动到合适的位置释放鼠标，即创建垂直参考线。

跨页参考线：跨页参考线是可以在跨页中显示和使用的参考线。按住Ctrl键，再运用创建页面参考线的方法，便可以创建跨页参考线。另外一种方法是在水平或垂直标尺上双击鼠标，便在相应的位置创建水平和垂直跨页参考线。

精确创建参考线：可以通过【创建参考线】菜单创建精确的参考线，但是使用【创建参考线】命令只能创建页面参考线，不能创建跨页参考线。选择【版面】|【创建参考线】命令，打开【创建参考线】对话框（图4-9）。

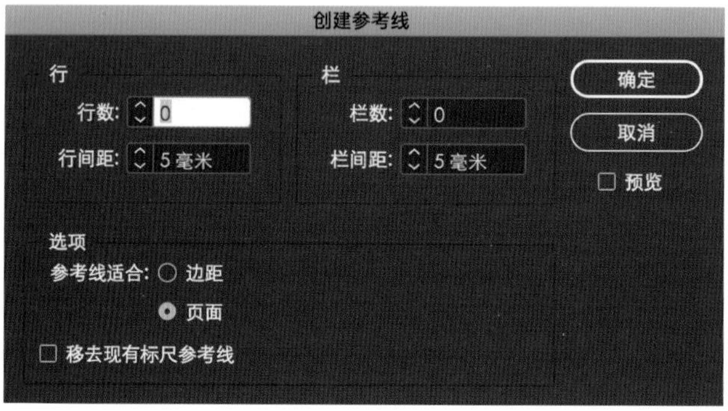

图4-9　【创建参考线】对话框

【行数】设置创建的参考线的行数，将页面进行分行处理。

【栏数】设置创建的参考线的栏数，将页面进行分栏处理。

【行间距】设置行的间距大小。

【栏间距】设置栏的间距大小。

【参考线适合】参考线适合有【边距】和【页面】两个选项，用来设置参考线与边距和页面的关系：选用【边距】创建的参考线是以版心区域为基础进行划分；选用【页面】创建的参考线是以页面边缘为基础进行划分。

【移去现有标尺参考线】选择该项，将删除文件中原有的所有参考线。

选择参考线：编辑已有的参考线，首先要选中参考线并确保参考线处于未锁定状态，我们可以查看【视图】|【网格和参考线】|【锁定参考线】命令，确保参考线处在未锁定的状态。

选择单条参考线，使用【选择工具】 ▶，将光标移动到需要调整的参考线上，当光标将变成参考线时点击鼠标右键，参考线的颜色变为淡蓝色，此时参考线就被选中。另外选中参考线后控制栏中的参考点图标将变为水平参考线，垂直参考线。

选择多条参考线：按住键盘上的Shift键，按照选择单条参考线的方法，点击要选择的多条参考线。也可以使用框选的方法，用选择工具在页面中拖动，与选框有接触的参考线都会被选中。

选择所有参考线：可用快捷键Ctrl+Alt+G组合键。

移动参考线：对已建立的参考线的位置不满意，可以移动参考线的位置。

移动页面参考线：选中要移动的单条参考线，使用【选择工具】或【直接选择工具】选中，拖动鼠标或使用箭头键轻移，移动到合适的位置即可。要移动多条参考线，按住 Shift 键并选择要移动的多条参考线，拖动鼠标或使用箭头键轻移。要使参考线与标尺刻度线对齐，按 Shift 键并拖动该参考线。

移动跨页参考线：拖动参考线位于粘贴板上的部分，或者按 Ctrl 键并在页面内拖动参考线。

将参考线移动到其他页面或文档：在本页面中选择要移动的参考线，选择【编辑】|【复制】，转到另一页面，选择【编辑】|【粘贴】。如果要将参考线粘贴到大小和方向均与原始页面参考线相同的位置上，则参考线将在相同的位置显示。

锁定和解锁参考线：为了避免在操作的过程中误将参考线移动或删除，我们可以将参考线锁定。

要锁定或解锁所有参考线，可以选择【视图】|【网格和参考线】|【锁定参考线】，以选择或取消锁定所有参考线。

仅锁定或解锁一个图层上的参考线且不更改该图层中对象的可视性，可以在【图层面板】中双击该图层名称，选择或取消选择【锁定参考线】，然后单击【确定】即可。

显示参考线：如果想将隐藏的参考线再次显示出来，可以选择【视图】|【网格和参考线】|【显示参考线】，将隐藏的参考线显示。

删除参考线：要删除参考线，可以选择一个或多个参考线，然后按键盘上的 Delete 键删除。

如果要删除目标跨页上的所有参考线，可以右键单击所选参考线或标尺，然后选择【删除所有参考线】。

如果无法删除参考线，则可能它已锁定，或者它位于主页或锁定图层上，应先解锁再进行上述操作。

更改参考线排列顺序：默认情况下，参考线显示在所有其他对象之前。但是某些参考线可能会妨碍其他对象的显示，如描边宽度较窄的直线。我们可以通过更改【参考线置后】首选项，使参考线显示在所有其他对象的前面或后面。

（3）网格

网格是很实用的辅助排版工具，可以帮助确定文本框、图形、图像的位置，但不会打印出来。在InDesign中有三种网格形式：基线网格、文档网格和版面网格（图4-10）。

【基线网格】以指定间距大小来划分页面的一组水平参考线，用于将多个段落根据其基线进行对齐，基线网格覆盖整个跨页，但不能指定给某个主页。

【文档网格】以指定间距大小来划分页面的水平和垂直参考线，用于对齐对象。文档网格覆盖整个粘贴板，但不能指定给某个主页。

【版面网格】用于将对象与正文文本大小的单元格对齐，可以指定给主页或文档页面。一个文档内可以包括多个版面网格设置，但不能将其指定给图层。

①设置网格：对于网格的设置，我们可以通过选择【编辑】|【首选项】|【网格】命令，打开【网格首选项】。【网格首选项】中包含了【基线网格】和【文档网格】的设置选项。

a.基线网格。

【颜色】在此菜单中可以选择一种颜色来指定基线网格颜色，还可以在【颜色】菜单中选择【自定】设定颜色。

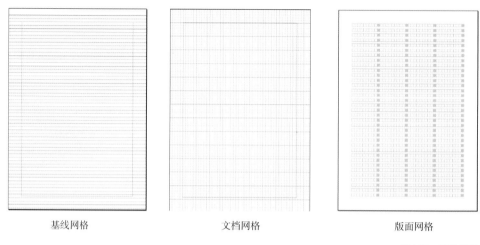

基线网格　　　　　　　　文档网格　　　　　　　　版面网格

图4-10　网格类型

【开始】在此项中键入一个值，以使网格从页面顶部或页面的上边距偏移，具体取决于在【相对于】菜单中选择的选项。如果将垂直标尺对齐此网格时有困难，也可以以零值开始。

【相对于】指定是希望网格从页面顶部开始，还是从上边距开始。

【间隔】用于设置网格线之间的间距。在大多数情况下，键入等于正文文本行距的值，以便文本行能恰好对齐此网格。

【视图阈值】设置基线网格的缩放显示阈值，如果显示比例小于此数值时，网格将不显示。增加视图阈值可以防止在较低的放大倍数下网格线过于密集。

b.文档网格。

【颜色】在此菜单中可以选择一种颜色来指定文档网格颜色，还可以在【颜色】菜单中选择【自定】设定颜色。

【水平】设置水平网格间距。【网格线间隔】可以设置水平主网格间距；【子网格线】可以设置水平子网格间距。

【垂直】设置垂直网格间距。【网格线间隔】可以设置垂直主网格间距；【子网格线】可以设置垂直子网格间距。

【网格滞后】勾选此项，可以将基线网格和文档网格放置在其他所有对象之后。

②显示网格：通过选择【视图】|【网格和参考线】子菜单中的【显示基线网格】【显示文档网格】【显示版面网格】命令，将相应网格显示出来。

③隐藏网格：当网格处于显示状态时，通过选择【视图】|【网格和参考线】子菜单中的【隐藏基线网格】【隐藏文档网格】【隐藏版面网格】命令，将相应网格隐藏起来。

④靠齐网格。

要启动网格靠齐，可以选择【视图】|【网格和参考线】子菜单中的【靠齐文档网格】【靠齐版面网格】命令，启动网格靠齐效果。

3.页面和跨页

　　跨页是一组一同显示的页面，例如翻开书籍或杂志时看到的两个页面。在【文件】|【文档设置】对话框中选择【对页】选项时，文档页面将排列为跨页。选择【窗口】|【页面】命令，即可打开【页面】面板，在【页面】面板中我们可以查看页面和跨页显示信息（图4-11）。

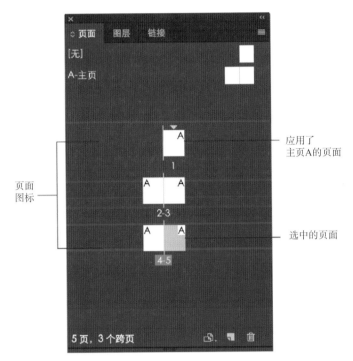

图4-11　【页面】面板

　　【页面】面板显示关于页面、跨页和主页的信息，以及对于它们的控制。对页面的操作也是整个InDesign学习过程中非常重要的一部分。我们可以通过页面完成页面的选取、移动、添加、合并跨页、主页设置、页码单元节等操作。

　　①选择页面和跨页：可以通过【页面】面板或文档页面快速选择。在页面文档中选择某个页面或跨页，同时会在【页面】面板中选中，而在【页面】面板中还可以选择除当前页面中的其他页面和跨页。

　　②移动页面和跨页：在【页面】面板中选择了需要的页面和跨页后，我们可以对其进行移动操作。

　　③利用菜单移动页面：我们可以利用菜单命令移动页面，选择【版面】|【页面】|【移动页面】命令，打开【移动页面】对话框（图4-12）。

　　【移动页面】设定要移动的页

图4-12　【移动页面】对话框

面。移动单页只需输入移动页面的页码，移动连续的多页在起止页码之间输入"-"，例如3-9页，移动不相连的多页，可用逗号"，"间隔移动的页码，如3，5，7。

【目标】选择的页面要移动到的位置。可以选择【页面后】【页面前】【文档开始】或【文档末尾】，而右侧的文本框可以输入数值，规定放到那一页的页面前或页面后。

【移至】在此项中可以选择将页面移动到的文档名称。可以选择在当前文档中移动，也可以指定移动到其他文档中。

【移动后删除页面】如果选择移动到其他文档中，此项便可以运用。选中此项，将页面移动后将在当前页面中删除。

④拖动方式移动页面：相对于菜单选项移动页面，拖动法更加直观、方便。可以选中要移动的页面按住鼠标不动，直接拖动到要移动位置，此时会出现一条竖线（图4-13）。松开鼠标页面就被移动到当前位置。

⑤添加页面和跨页：当创建的页面不满足需求时，我们可以在指定的位置插入新页面。

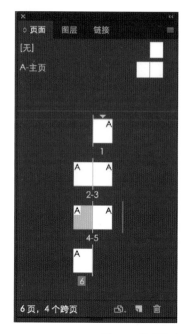

图4-13 移动页面

如果想要在指定的位置插入新页面，我们可以选中要添加页面的位置，点击【页面】面板下方的【新建页面】按钮 ，想要添加多页可以多次点击，或者选择【版面】|【页面】|【添加页面】，此项只能添加一页页面。

如果想添加多页也可以选择【版面】|【页面】|【插入页面】，打开【插入页面】对话框（图4-14），设置要插入的页数以及插入的位置。

图4-14 【插入页面】对话框

⑥复制页面和跨页：复制页面和跨页有三种方法。

a.选中要复制的页面或跨页拖动到【新建页面】按钮 。复制出的新跨页将在文档的末尾显示。

b.选择一个页面或跨页，然后在【页面】面板菜单中选择【复制页面】或【复制跨页】。新的页面或跨页将在文档的末尾显示。

c.按住 Alt 键并将页面图标或位于跨页下的页面范围号码拖动到需要的新位置。此时复制出的页面或跨页将出现在鼠标松开的位置。

⑦删除页面和跨页：在【页面】面板中选择要删除的页面，将这些页面拖动到页面面板下方的【删除选中页面】按钮 ，或者直接点击【删除选中页面】按钮 ，删除选中的页面。选择【版面】|【页面】|【删除页面】命令，也可删除选中的页面。

4.主　页

在出版物设计中会有很多相同的格式，比如页眉、页脚或是每页中有相同的版式，如果每页都复制粘贴操作就非常烦琐。在InDesign中，我们可以利用主页来轻松完成这些操作。主页就相当于一个模板，它单独存在，不包括在正式页面中，但主页上的内容在页面中都会出现，它集中体现着页面的共同元素。

（1）创建主页

按住Ctrl键单击【页面】面板底部的【新建页面】按钮，便可以创建一个新的主页。另外我们还可以选择【页面】面板菜单中的【新建主页】命令，或按Ctrl+Alt键打开【新建主页】对话框（图4-15）。

图4-15 新建主页对话框

【前缀】在此选项中输入一个前缀，以标识【页面】面板中的各个页面所应用的主页。最多可以键入四个字符。

【名称】键入主页的名称。

【基于主页】选择一个要以其作为此主页跨页基础的现有主页跨页，或选择【无】。

【页数】在选框中输入一个数字，作为主页跨页中要包含的页数，最多为10。

【页面大小】软件预设的页面尺寸。

【宽度】【高度】自设定页面的宽度和高度。

【页面方向】横向和纵向。

（2）基于一个主页创建另一个主页

主页并不是唯一的，它可以是多个的，并且还可以有嵌套应用关系。创建基于同一个文档中的另一个主页（称为父级主页）并随该主页更新的主页变体。基于父级主页的主页跨页称为子级主页。例如，如果文档有十单元，它们使用只有少许变化的主页跨页，则可以将它们置于一个包含所有十单元共有的版面和对象的主页跨页。这样，对基本设计的更改便只需编辑父级主页而无须对所有十单元分别进行编辑。改变子级主页上的格式。可以在子级主页上覆盖父级主页项目，以便在主页上创建变化，就像可以在文档页面上覆盖主页项目一样，这种方法可以在设计上保持一致且不断变化和更新。

要使一个主页基于另一个主页，可以在【页面】面板的【主页】部分，进行以下操作：选择一个主页跨页，然后在【页面】面板菜单中选择主页名称的主页选项在【基于主页】中，选择一个不同的主页，然后单击【确定】（图4-16）。

图4-16 主页选项

选择要用作基础的主页跨页的名称，然后将其拖动到要应用该主页的另一个主页的名称上（图4-17）。

（3）编辑主页

主页是可以随时编辑的，对主页做的更改会自动反映到应用该主页的所有页面中。例如，添加到主页的任何文本或图形都将出现在将主页应用到的文档页面上。

要编辑主页可以在【页面】面板中，双击要编辑的主页的图标，或者从文档窗口底部的文本框列表中选择主页，主页跨页将显示在文档窗口中，便可以对主页进行编辑。

（4）复制主页

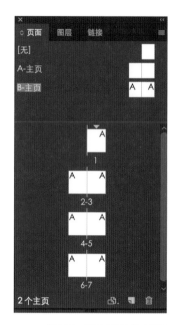

图4-17 基于主页A的主页B

复制主页可以在同一文档内实现，也可以将主页从一个文档复制到另一个文档以作为新主页的基础。当书籍中的文档或从其他文档中导入主页时，也可以将主页复制到其他文档。

在文档内复制主页可以将主页跨页的页面名称拖动到面板底部的【新建页面】按钮，也可以选择主页跨页的页面名称，并从面板菜单中选择【直接复制主页跨页[跨页名称]】。当复制主页时，被复制主页的页面前缀将变为字母表中的下一个字母。

（5）删除主页

删除已有的主页首先选中要删除的主页，然后拖动到页面面板底部的【删除选中页面】按钮 。或者选择面板菜单中的"删除主页跨页[跨页名称]"。删除主页时，[无] 主页将替代已删除的主页应用到的任何文档页面。

（6）重新应用主页项目

如果已经覆盖了主页项目，可以对其进行恢复以与主页匹配。执行此操作时，对象的属性会恢复为它们在对应主页上的状态，而且当编辑主页时，这些对象将再次更新。对象的本地副本将被删除，并且正如其点线边框所指示的，也不能选中该主页项目。可以移去跨页上的选定对象或全部对象的覆盖，但是不能一次为整个文档执行此操作。

要从一个或多个对象移去主页覆盖，选择原本是主页项目的对象，在【页面】面板中，选择一个跨页作为目标，然后选择【页面】面板菜单中的【移去选中的本地覆盖】。

要从跨页移去所有主页覆盖，可以在【页面】面板中，选择要从中移去所有主页覆盖的跨页（或主页跨页）作为目标。选择【编辑】|【全部取消选择】以确保没有对象被选定。在【页面】面板中，选择【页面】面板菜单中的【移去全部本地覆盖】。

5.页码和章节

　　页码是出版物中不可缺少的一部分，如果对每个页码进行设置，工作量是十分庞大的，不过运用InDesign可以轻松完成这项工作。主页除了前面讲过的作用，另外一个重要的作用就是生成自动页码。用户可以在主页中创建页码，普通页面中就会出现连续的页码，并且即使对普通页面进行修改编辑，也不会对页码造成影响。

（1）添加自动更新页码

　　添加自动更新页码，要在主页中进行页码设置，可以向主页中添加页码标志符，以指定页码在页面上的位置和外观。由于页码标志符是自动更新的，因此即使在添加、移去或重排文档中的页面时，文档所显示的页码始终是正确的。可以按处理文本的方式来设置页码标志符的格式和样式。添加自动更新页码的操作方法如下：

　　选中主页页面，然后选择工具箱中的【文字工具】，在主页页面合适的位置按住鼠标拖出一个文本框，这时文本框内会出现闪动的光标效果，表示插入点已经被激活，然后选择【文字】|【插入特殊字符】|【标识符】|【当前页码】命令，这时在主页页面中文本框中会出现页码标识符"A"，同时我们可以按住Alt键把标识符"A"复制到另一侧的主页（图4-18）。

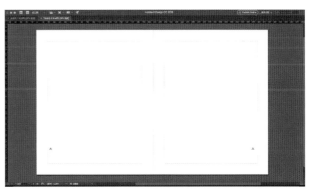

图4-18　主页添加自动页码效果

　　用选择工具移动标示符到自己想要的位置，这时我们可以查看普通页面中的页码显示，从起始页按顺序依次排列（图4-19）。

（2）页码和章节选项

　　选择【版面】|【页码和章节选项】或选择【页面】面板菜单中的【文档页码选项】时，可以更改文档页码选项。

　　【自动页码】如果要让当前章节的页码跟随前一章节的页码，可以选择此选项。使用此选项，当在它前面添加页时，文档或章节中的页码将自动更新。

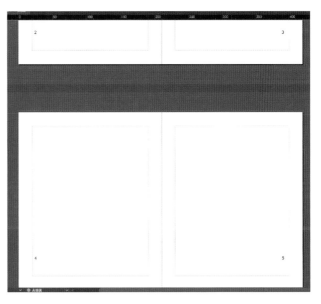

图4-19　页面显示页码效果

【起始页码】输入文档或当前章节第一页的起始页码。例如，如果要重新开始对章节进行编号，可以输入1，那么该章节中的其余页面将相应进行重新编号。 如果选择非阿拉伯页码样式，仍需要在此框中输入阿拉伯数字。

【章节前缀】为章节键入一个标签。包括要在前缀和页码之间显示的空格或标点符号，例如A–16 或 A 16。前缀的长度不应多于八个字符。

【样式】（页码）从菜单中选择一种页码样式，如阿拉伯数字、罗马字符、英文大小写字母等。该样式仅应用于本章节中的所有页面。

【章节标志符】输入一个标签，InDesign 会将其插入到页面中，显示的位置在应用【文字】|【插入特殊字符】|【标志符】|【章节标志符】时显示的章节标志符字符的位置。

【编排页码时包含前缀】 如果要在生成目录或索引时或在打印包含自动页码的页面时显示章节前缀，可以选择此选项。取消选择此选项，将在 InDesign 中显示章节前缀，但在打印的文档、索引和目录中隐藏该前缀。

【样式】（章节编号）从菜单中选择一种章节编号样式。此章节样式可在整个文档中使用。

【自动为章节编号】选择此选项可以对书籍中的章节按顺序编号。

【起始章节编号】指定章节编号的起始数字。如果不希望对书籍中的章节进行连续编号，可以使用此选项。

【与书籍中的上一文档相同】使用与书籍中上一文档相同的章节编号。如果当前文档与书籍中的上一文档属于同一个章节，可以选择此选项。

（3）定义章节

InDesign中可以定义出版物的章节，默认情况下，书籍中的页码和章节号是连续的。可以定义一个章节前缀，以便自动标记章节页面。在文档中定义章节操作如下：

首先在【页面】面板中，选择要定义的章节中的第一页。 选择【版面】|【页码和章选项】或选择【页面】面板菜单中的【页码和章选项】，打开【新建章节】对话框（图4-20）。

如果要为文档第一页以外的其他页面更改页码选项，请确保已选择【开始新章节】。该选项将选定的页面标记为新章节的开始。 在【新建章节】对话框中我们可以设置【起始页码】【章节前缀】以及可以区分页码的【样式】选项，设置完成后点击【确定】按钮，便完成了新章节页码的操作，并且在页面面板中可以看到章节指示符▼图标显示在选中的页面上方，表示新章节的开始。若要结束章节，可以在章节后的第一个页面上重复章节编号步骤（图4-21）。

（4）编辑和移除章节页码

要对已经设置好的章节和页码进行编辑和移除，我们可以通过【页码和章节选项】对其进行修改、编辑或者移除。选择带有章节指示符▼图标的页面，然后选择【版面】|【页码和章节选项】命令，或者在【页面】面板菜单中选择【页码和章节选项】命令，或是双击选中章节指示符▼图标，打开【页码和章节选项】对话框对其进行修改。

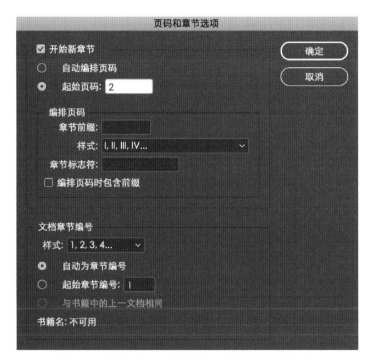

图4-20 页码和章节选项对话框

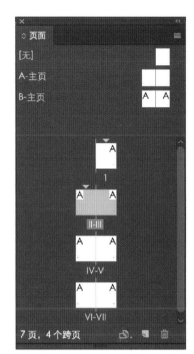

图4-21 新建单元节页码效果

要改变起始页码章节编号或样式，可以修改【页码和章节选项】对话框中的参数，然后点击【确定】即可。

要对页码进行自动编排，可以在【新建章节】对话框中选中【自动编排页码】选项，点击【确定】即可。

移除章节页码，可在【新建章节】对话框中取消【开始新章节】复选框，然后点击【确定】即可。

6.文本变量

文本变量是插入在文档中并且会根据上下文发生变化的项目。例如，"最后页码"变量显示文档中最后一页的页码。如果添加或删除了页面，该变量会相应更新。在InDesign可以编辑这些变量的格式，也可以创建自己的变量。有些变量对于添加到主页中以确保格式和编号的一致性非常有用，如【标题】和【章节编号】；还有一些变量对于添加到辅助信息区以便于打印非常有用，如【创建日期】和【文件名】。

（1）变量类型

用【章节编号】类型创建的变量会插入章节编号。可以在章节编号之前或之后插入文本，并可以指定编号样式。

【创建日期】会插入文档首次存储时的日期或时间。【修改日期】会插入文档上次存储到磁盘时的日期或时间。【输出日期】会插入文档开始某一打印作业、导出为 PDF 或打包文档时的日期或时间。可以在日期之前或之后插入文本，并且可以修改所有日期变量的日期格式。

【文件名】此变量用于将当前文件的名称插入到文档中。它通常会被添加到文档的辅助信息区以便于打印，或用于页眉和页脚。

【最后页码】此文件最后一页的页码。但【最后页码】变量不会对文档中的页数进行计数。

【标题】（段落或字符样式）此变量会插入应用有指定样式的文本的第一个或最后一个匹配项。

【自定文本】此变量通常用于插入占位符文本或可能需要快速更改的文本字符串。要在文本变量中插入特殊字符，可以单击文本框右侧的三角形。

（2）创建和编辑文本变量

创建变量时可用的选项取决于指定的变量类型。例如，选择【章节编号】类型，则可以指定显示在此编号之前和之后的文本，还可以指定编号样式。可以基于同一变量类型创建多个不同的变量。

要创建用于所有新建文档的文本变量，要关闭所有文档。否则，创建的文本变量将只在当前文档中显示。选择【文字】|【文本变量】|【定义】，单击【新建】，或选择某个现有变量并单击【编辑】，可以通过打开的【新建文本变量】或【编辑文本变量对话框】设置文本变量的【名称】【类型】等选项对文本变量进行设置。

（3）插入文本变量

此项可以将插入点放在要显示变量的位置。选择【文字】|【文本变量】|【插入变量】，然后选择要插入的变量类型，变量将显示在页面。例如，【创建日期】变量可以显示为"December 22, 2012"。

（4）删除、转换和导入文本变量

①删除文本变量：如果要删除文档中插入的文本变量，需要选择此变量并按 Backspace 或 Delete 键。也可以删除变量本身。选择【文字】|【文本变量】|【定义】。选择要删除的变量，然后单击【删除】即可。

②将文本变量转换为文本：要转换一个文本变量，可以在文档窗口中选择此文本变量，然后选择【文字】|【文本变量】|【将变量转换为文本】。要转换文档中所有文本变量的实例，可选择【文字】|【文本变量】|【定义】，选择要转换的变量，然后单击【转换为文本】。

③从其他文档导入文本变量：选择【文字】|【文本变量】|【定义】单击【载入】，然后双击包含要导入变量的文档，即可导入需要的文本变量。

实例演练

第五课　文本操作

1.文本框

文本框架也称文本框，为了更加便于排版，InDesign 中所有的文字都要放置在文本框中来处理，这是它与其他文字处理软件的最大区别。

在InDesign中，文本框架分为框架网格和纯文本框架两种。框架网格是亚洲语言排版所用的文本框架类型，其中字符的全角字框和间距都显示为网格，框架网格的属性可以通过【对象】|【框架网格选项】命令来修改。纯文本框是不显示任何网格的普通文本框架，可以对文本框的形状、大小位置做任意的调整，方便版面设计，纯文本框的字符属性要在【字符】面板中进行设置。

（1）创建文本框架

创建文本框的方法非常简单，首先选择工具箱中的【文字工具】▉或【直排文字工具】▉，在页面中合适的位置，按住鼠标拖动到达理想的位置松开鼠标，便画出一个线框，这样就创建了一个空的纯文本框。

（2）移动和编辑文本框

文本框可以看作一个存放文字的图形，它不仅可以存放文字，还可以像图形一样进行变形、缩放、填充等操作。

①移动文本框：通过移动文本框，可以改变文本框的位置。

移动文本框的方法：选择工具箱中的【选择工具】▉，选中需要移动的文本框，然后按住鼠标移动文本框到需要的位置或者在选中文本框后，使用键盘上的上、下、左、右方向键，每按一次文本框向相应的方向移动2.5毫米。

另外还有一种精确数值移动的方法：同样是在用【选择工具】▉选中文本框后，在界面顶端的【控制栏】中修改位置参数，来精确移动文本框。

②缩放文本框：如果对已经建好的文本框大小不满意，可以通过缩放文本框，改变其大小。

在工具箱中选择【选择工具】 ，选中文本框上的任意一个控制柄，按住鼠标拖动，即可缩放文本框。在拖动时按住Ctrl键，可以同时缩放文本框中文字的大小。还可以运用【缩放工具】 来缩放文本框（图5-1），但是它主要用来缩放文字，对于文本框来说用得非常少。

③使文本框合适文本：另外还可以用菜单命令使文字适合框架，可以选择【对象】|【适合】|【使框架适合内容】命令，将文本框的大小缩放到与文本合适的大小。

④变换文本框：除了对文本框移动和缩放外，还可以变换文本框的形状。可以选择工具箱中的【旋转工具】【切变工具】【自由变换工具】对文本框进行旋转、切变和任意自由变换等操作，在这些操作中只有【旋转工具】不会对文字的大小形状造成变化，其他两个工具会改变文字的大小和形状（图5-2、图5-3）。

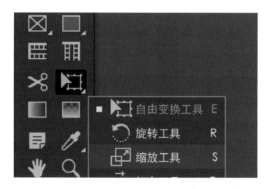

图5-1　缩放工具

图5-2　旋转文本框

图5-3　切变文本框

（3）更改文本框属性

文本框的属性是可以设置的，如框架中的栏数、框架内文本的垂直对齐方式或内边距等。

如果需要对多个文本框架使用相同的文本框架属性，那么可以创建一个适用于文本框架的对象样式。

使用【选择工具】 ▷ 选择框架或使用【文字工具】 T 在文本框架中单击或选择文本。选择【对象】|【文本框架选项】，打开【文本框架选项】对话框（图5-4）。然后使用【选择工具】 ▷ 双击文本框架。

2.框架网格

框架网格是亚洲语言排版所用的文本框架类型，对话框可以更改框架网格的设置，如字体、字符大小、字符间距、行数和字数等。通过选择【对象】|【框架网格选项】打开【框架网格】对话框（图5-5）。可以通过设置【框架网格】对话框，改变文本框网格属性、对齐方式、视图选项、行和栏的设置。

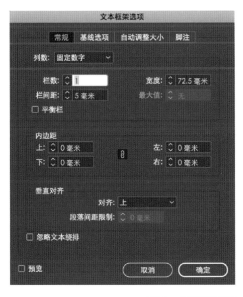

图5-4　文本框架选项

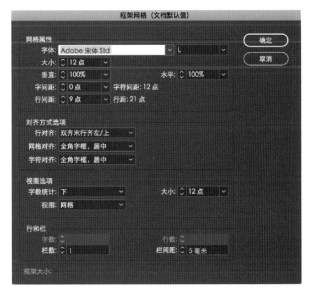

图5-5　【框架网格】对话框

3.形状框架和形状工具

在排版的过程中，需要更多的文本框形状，而不仅仅是矩形。在InDesign中可以利用【路径查找器】或者是面板中的【转换形状】选项，将文本框的形状修改为圆角矩形、斜面矩形、反向圆角矩形、椭圆形、三角形或多边形等多种图形。还可以利用【钢笔工具】 ✐ 添加图形或删除锚点，或者利用【转换方向点工具】，修改文本框的形状。

（1）利用【路径查找器】修改文本框形状

选中要修改的文本框，然后选择【窗口】|【对象和面板】|【路径查找器】，打开【路径查找器】面板，单击【路径查找器】面板中的【转换形状】按钮即可改变文本框的形状。【路径查找器】中常用的几种文本框形状（图5-6）。

（2）利用路径工具修改文本框形状

利用路径工具可以对文本框的外形进行修改，与用路径工具修改图形形状类似，只不过是作用的对象有所差别，可以利用【钢笔】【添加锚点】【删除锚点】【转换方向点】【直接选择工具】，对文本框的形状进行任意修改（图5-7）。

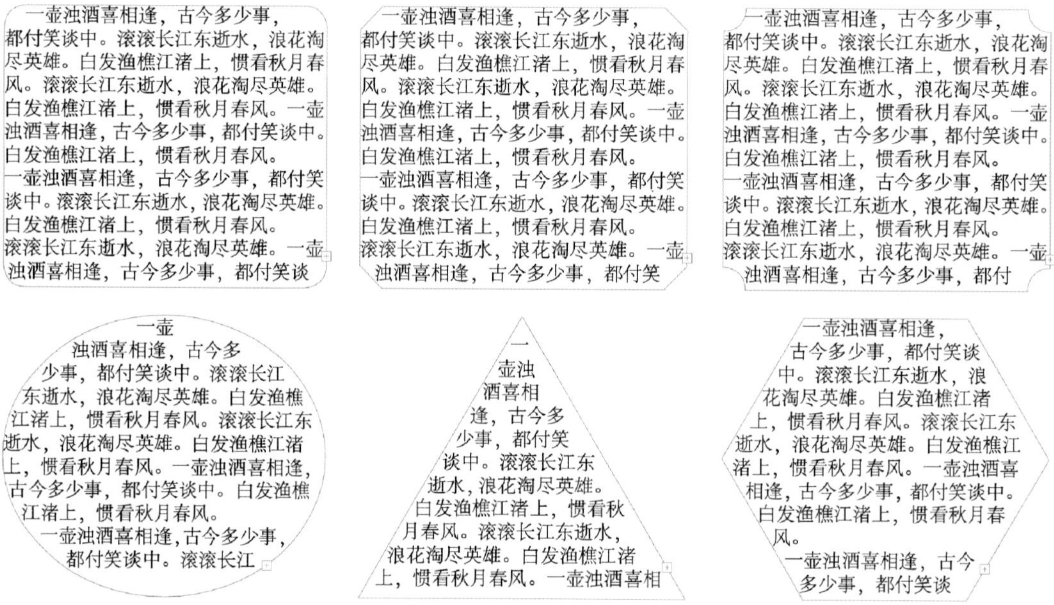

图5-6　路径查找器中常用的文本框形状

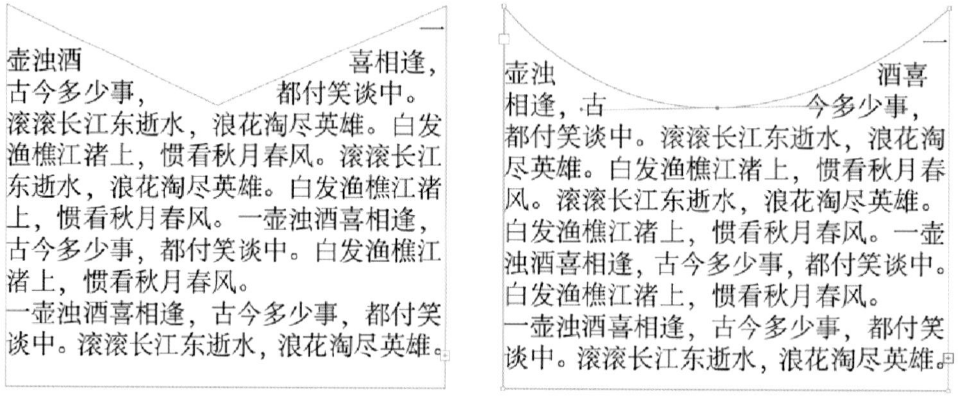

图5-7　路径工具修改文本框形状

4.串接文本框

文本串接可以连接多个文本框进行连续排文。每个文本框都包含一个入口和一个出口，当一个文本框能全部显示一段文字时，其入口和出口都为空的方形。当文字过多时，就会将排不下的文字隐藏在文本框下，这时文本框的出口位置将变成溢出标识⊞，我们可以使用文本框中的入口和出口图标，将自动隐藏的文字排到下一文本框中，形成串接文本框（图5-8）。

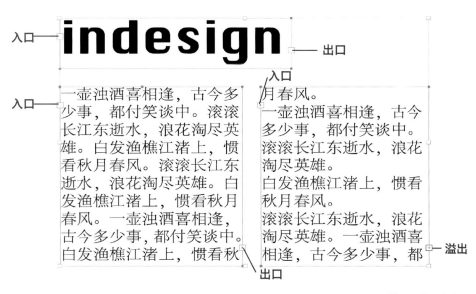

图5-8　入口和出口

（1）创建串接文本框

创建串联文本框，要利用入口和出口按钮将独立的文本框架连接起来，首先选择【选择工具】，在当前文本框的出口溢出标志"+"位置单击，此时鼠标变为加载文本状态，移动鼠标到空文本框上，此时鼠标状态变为串联图标，单击后隐藏的文字便在空文本框中出现。

（2）取消文本框串接

取消文本框串接便会切断与其他文本框之间的链接关系，当前文本框会出现之前的溢出文本符号，后面的文本框都显示为空。

可以使用【选择工具】，双击相连接的两个文本框的入口或出口，断开后续的文本框之间的连接，当前文本框后的所有文本框都显示为空。

另外，还可以单击表示与另一文本框存在串接关系的入口或出口。例如，在一个由两个文本框组成的串接中，单击第一个文本框的出口或第二个文本框的入口。将载入的文本图标移动到上一个文本框或下一个文本框之上时，鼠标便显示取消串接图标，在要删除串接的文本框中单击，便取消了此文本框以后的文本框串联。

（3）剪切或删除文本框

剪切或删除文本框命令并不会删除文本，只是剪切或删除掉当前的文本框，文本仍包含在串接中。

①从串接中剪切文本框：剪切的框架将使用文本的副本，不会从原文单元中移去任何文本。在操作剪切和粘贴串接文本框时，粘贴的框架将保持彼此之间的连接，只是失去与原文单元中任何其他框架的连接。

使用【选择工具】 ▶，选择一个或多个框架。选择【编辑】|【剪切】或快捷键Ctrl+X，此时选中的文本框消失，其中包含的所有文本都排列到该文单元内的下一框架中，剪切文单元的最后一个框架时，其中的文本存储为上一个框架的溢流文本。

如果要在文档的其他位置使用断开连接的框架，可以粘贴连接的文本到需要的页面，选择【编辑】|【粘贴】快捷键Ctrl+V即可。

②从串接中删除文本框：当删除串接中的文本框时，不会删除任何文本，文本将成为溢流文本，或排列到连续的下一框架中。如果文本框架未连接到其他任何框架，则会删除框架和文本。

要删除文本框可以使用【选择工具】 ▶ 单击文本框，或使用【文字工具】 T，按住Ctrl键单击文本框，按键盘上的Backspace键或Delete键即可删除。

（4）文本框的其他排文方式

在InDesign中，文本置入文本框后，可以使用4种排文方式，以满足不同的排版需求，分别为手动、半自动、自动和固定页面自动排文。

手动排文：每次只能添加一个文本框的文本，必须重新载入文本图标才能继续排文。

半自动排文：单击时按住Alt键，方式与手动文本排文相似，区别在于每次到达框架末尾时，鼠标将自动变为载入的文本图标，直到所有文本都排列到文档中为止。

自动排文：单击时按住Shift键会自动添加页面和框架，直到所有文本都排列到文档中为止。

固定页面自动排文：单击时按住Shift+Alt键，将所有文本都排列到文档中，根据需要添加框架但不添加页面，剩余的文本都将成为溢流文本。

5.编辑文本

文本一旦被导入或输入要修改的可能性是很大的，InDesign有很强的文本编辑功能，不但包括最常用的文字处理功能，还有文单元编辑器的功能，可以在页面或文单元窗口中完成对文本的编辑。

（1）选择文本

要对文本进行编辑首先要选中要编辑的文本，选择文本的方法有以下几种：

①在工具箱中选择【文字工具】：此时光标变为I形，将I形光标拖动过需要选择的文字或字符，I形光标经过的文本将被选中。

②当光标变为I形时，在文字旁边双击，可以选择相同类型的连续字符。例如，罗马字文本、汉字等，双击一个汉字则将以最近的标点为界选中一段文字。

③如果在【编辑】|【首选项】|【文字】对话框中选择【三击以选择整行】，在行的任意位置单击三次以选择整行。如果取消选择【三击以选择整行】首选项，单击三次将选择整个段落。

如果选择【三击以选择整行】选项，在段落中的任意位置单击四次可选择整个段落。单击五次以选择整篇文单元，或在文单元的任意位置单击并选择【编辑】|【全选】。

（2）查找和替换缺失文本

当我们打开一个文档时，有时由于字体缺失，会弹出【缺失字体】对话框（图5-9）。

单击【查找字体】按钮，弹出【查找字体】对话框（图5-10）。在该对话框中可以查找和替换缺失字体。

图5-9 缺失文字对话框   图5-10 【查找字体】对话框

缺失的字体名称后面会出现 符号，单击缺失字体的名称，在对话框的下面有【替换为】的复选框，我们可以在这里选择要替换成的字体样式，然后点击【完成】即可。

（3）显示隐藏的字符

【显示隐藏字符】命令可以把隐藏的字符显示出来，能直观地看到很多隐藏的信息，比如空格、制表符、段落末尾、索引标志符和文单元末尾的字符。

可以通过选择【文字】|【显示隐藏的字符】命令来显示隐藏字符，如果隐藏字符仍未显示，可以尝试关闭预览模式。显示的非打印字符，如用于空格、制表符、段落末尾、索引标志符和文单元末尾的字符。这些特殊字符仅在文档窗口和文单元编辑器窗口中可见，它们不能打印，也不能输出到 PDF 和 XML 等格式中。隐藏字符的颜色与图层颜色相同。

（4）插入特殊字符

在文本编辑的过程中，我们可能会需要一些特殊字符。在InDesign中我们可以选择【文字】|【插入特殊字符】，里面包含了符号、标识符、连字符和破折号、引号和其他，可以从这些选项中找到需要的特殊符号。

（5）文单元编辑器

我们可以选择【编辑】|【在文单元编辑器中编辑】命令打开文单元编辑器的窗口（图5-11）。在文单元编辑器窗口中显示的文本忽略了字体、大小、颜色、缩进，而是按照【文单元编辑器显示首选项】中指定的字体、大小及间距显示整篇文单元，不会受到版面或格式的影响。

文单元中的所有文本包括溢流文本都显示在文单元编辑器中。用户可以同时打开多个文单元编辑器窗口，垂直深度标尺指示文本填充框架的程度，直线指示文本溢流的位置。编辑文单元时，所做的更改会在版面窗口中有所显示，但不能在文单元编辑器窗口中创建新文单元。

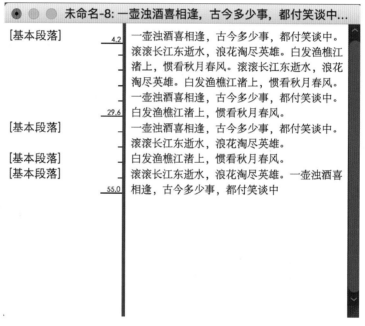

图5-11　文单元编辑器对话框

6.文本格式

（1）字符面板

【字符面板】以及字符面板的菜单█集中了字符格式调整的所有命令，可以通过【字符面板】完成字符格式的所有设置，选择【窗口】|【文字和表】|【字符】命令打开【字符面板】。另外，在【字符面板】右上角的菜单█中也包含了很多命令（图5-12）。

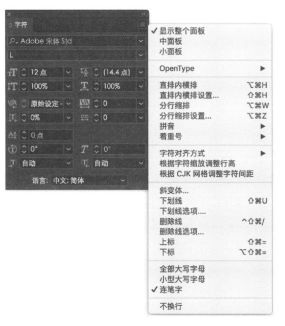

图5-12　字符面板及菜单

（2）设置字体和字号

要对文本的字体和字号进行设置，首先选中要修改的文本，可以选择一段文字，也可以选中一个框架，然后对其进行字体和字号的设置。

要对文本进行字体和字号的设置，有两种方式，可以选中工具栏中的【文字工具】，在界面上方的【控制栏】中选择【字符格式控制】按钮（图5-13），对文本的字体和字号进行调整，也可以通过【字符面板】进行调整。

字体调整对话框在【字符面板】顶部，可以从中选择需要的字体。通过字号调整按钮，调整字号的点数，数值越大字号越大，反之越小。

图5-13　字符控制栏

（3）行距与字间距

文本的行距和字间距也是通过【控制栏】和【字符面板】来调整，在这两个位置我们可以找到调整间距的按钮。

行距：行距 是从一行文本的基线到下一行文本基线的垂直距离，它是单个字符的属性，行中最大的行距值占支配地位。

字间距：字间距分为字符间距 和字偶间距 。

字符间距用于调整字符序列中所有字符间的间隔。字偶间距是用于调整字符之间的空白，目的是获得均匀的字间间距。

（4）缩放

文本缩放可以通过调整【垂直缩放】 和【水平缩放】 来实现，正常的文本缩放比例为100%，即高度和宽度是相等的，当数值设置大于100%时，文字将会垂直或水平放大；当数值设置小于100%时，文字将会垂直或水平缩小。

（5）倾斜与旋转

在InDesign中，可以通过使用【倾斜】和【旋转】来增加文本效果。同样，可以在字符面板中找到倾斜 和旋转 按钮。

【倾斜】可以将文字进行垂直倾斜。在文本框中输入数值的范围可以从–85°到+85°，输入正值会使文字向右倾斜，输入负值会使文字向左倾斜。

【旋转】可以将文字进行360°旋转。同样，输入正值表示文字以顺时针方向旋转，输入负值代表以逆时针方向旋转。

（6）基线偏移

文本字符通常位于一条假想的线上，我们称之为基线。在排版的过程中，有时我们需要将一个或多个字符的基线上升或下调，这时我们就可以运用【基线偏移】 来调整。

同样在【控制栏】或【字符面板】中都可以找到【基线偏移】按钮，在【基线偏移】选项中输入正值表示选择的文本从基线向上移动，输入负值表示选择的文本从基线向下移动。

（7）上标和下标

上标和下标经常在数学公式排版中运用。在【控制栏】中找到【上标】 和【下标】 按钮，也可以在【字符面板】右上角菜单 中找到【上标】和【下标】。

（8）下划线和删除线

在【控制栏】和【字符面板】中都可以找到下划线 和删除线 的按钮，但是与其他软件不同的是，我们通过选择菜单 中的【下划线选项】和【删除线选项】打开【下划线选项】（图5-14）和【删除线选项】对话框（图5-15），来编辑下划线和删除线的粗细、颜色、基线偏移和类型等。

（9）为文本添加着重号

在InDesign中还可以给文本添加着重号，可以在【字符面板】右上角菜单 中找到【着重号】选项（图5-16），里面包含了着重符号的形状颜色等设置，设置好着重号的样式后，便可应用

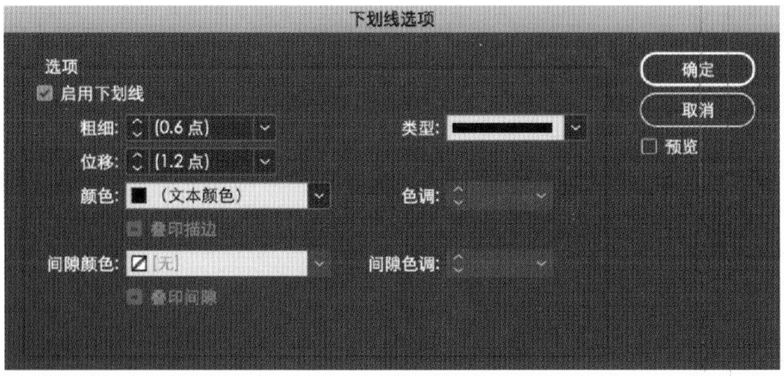

图5-14 下划线选项

图5-15 删除线选项

图5-16 着重号选项

到选中的文字上面。

　　另外我们还可以通过选择【字符面板】菜单中的【着重号】对话框（图5-17），对着重号的位置、大小、对齐方式、缩放等属性以及着重号的颜色进行设置。

图5-17　着重号对话框

（10）更改文字的大小写

更改文字大小写主要是针对英文字母。在InDesign中可以通过【更改大小写】【全部大写字母】【小型大写字母】命令来对文字进行大小写修改。

①更改大小写：通过【文字】|【更改大小写】可以找到更改大小写菜单（图5-18），包含【大写】【小写】【标题大小写】【句子大小写】。

【大写】将所有字符变为大写。

【小写】将所有字符变为小写。

【标题大小写】将每个单词的首字母变为大写。

【句子大小写】将每个句子的首字母变为大写。

②全部大写字母和小型大写字母：【全部大写字母】TT和【小型大写字母】Tt可以在【控制栏】或者【字符面板】中进行设置。

【全部大写字母】可以将字母全部变成大写的形式，而【小型大写字母】是在将所有字母变成大写的同时，其大小变为小写字母的大小。还可以通过设置【编辑】|【首选项】|【高级文字】中【大型小写字母】的数值，定义大写小写字母的大小（图5-19）。

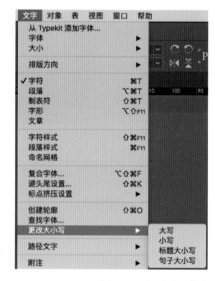

图5-18　更改大小写菜单

图5-19　更改文字大小写效果

7.段落格式

段落是构成文单元的基本单位，具有换行另起的明显标志。段落格式的操作会应用于段落中的所有文字，对齐方式、缩进、间距等都属于段落格式。

（1）段落面板

同【字符面板】类似，【段落面板】以及段落面板的菜单 集中了段落格式调整的所有命

令，我们可以通过【段落面板】对段落文本进行设置。可以选择【窗口】|【文字和表】|【段落】命令打开【段落面板】，另外在【段落面板】右上角的菜单▤中也包含了很多命令（图5-20）。

（2）对齐方式

点击【控制栏】以及【段落面板】中的对齐按钮，可以设置段落的对齐方式（图5-21），主要用来对文本进行左对齐、右对齐、居中、双齐以及书脊对齐。

对齐方式的前三种【左对齐】【居中对齐】和【右对齐】较为常见，是以段落文本框架为依据，以文本框的左侧、中心和右侧为基准来进行对齐的方式。

对齐方式的中间四种【双齐末行齐左】【双齐末行居中】【双齐末行齐右】【全部强制双齐】是针对段落末行的文字，将末行文字进行左、中、右以及强制完全对齐。

对齐方式的最后两种是【朝向书脊对齐】和【背向书脊对齐】。在对段落应用【朝向书脊对齐】时，左手页文本将执行右对齐，但当该文本转入或框架移动到右手页时，会变成左对齐。同样，在对段落应用【背向书脊对齐】时，左手页文本将执行左对齐，而右手页文本会执行右对齐。

但是在垂直框架中，因为文本对齐方式与书脊方向是平行的，所以【朝向书脊对齐】或【背向书脊对齐】不能运用。

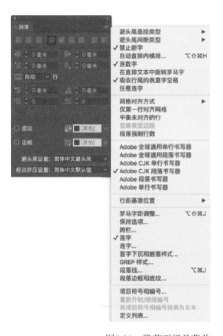

图5-20　段落面板及菜单

图5-21　对齐方式

滚滚长江东逝水，浪花淘尽英雄。　几度夕阳红。白发渔樵江渚上，都付笑谈中。

滚滚长江东逝水，浪花淘尽英雄。是非成败转头空，青山依旧在，几度夕阳红。白发渔樵江渚上，惯看秋月春风。一壶浊酒喜相逢，古今多少事，都付笑谈中。

双齐末行齐左

滚滚长江东逝水，浪花淘尽英雄。　几度夕阳红。白发渔樵江渚上，都付笑谈中。

滚滚长江东逝水，浪花淘尽英雄。是非成败转头空，青山依旧在，几度夕阳红。白发渔樵江渚上，惯看秋月春风。一壶浊酒喜相逢，古今多少事，都付笑谈中。

双齐末行居中

滚滚长江东逝水，浪花淘尽英雄。　几度夕阳红。白发渔樵江渚上，都付笑谈中。

滚滚长江东逝水，浪花淘尽英雄。是非成败转头空，青山依旧在，几度夕阳红。白发渔樵江渚上，惯看秋月春风。一壶浊酒喜相逢，古今多少事，都付笑谈中。

双齐末行齐右

滚滚长江东逝水，浪花淘尽英雄。　几度夕阳红。白发渔樵江渚上，都付笑谈中。

滚滚长江东逝水，浪花淘尽英雄。是非成败转头空，青山依旧在，几度夕阳红。白发渔樵江渚上，惯看秋月春风。一壶浊酒喜相逢，古今多少事，都付笑谈中。

全部强制双齐

图5-22　四种对齐方式

（3）缩进

缩进是用来调整文本与页面边界之间的距离，InDesign中提供了四种缩进方式。可以在【控制栏】和【段落面板】中找到这四种缩进（图5-23）。

图5-23　四种缩进方式

【左缩进】 和【右缩进】 主要是将文本从文本框的左边缘或右边缘向内收缩的操作，在选框中输入数值以调整要缩进的距离。

【首行左缩进】 是一种常用的缩进方式，只适用于段落的第一行，一般中文通常为2个字符，在首行左缩进选框中输入数值进行缩进的调整，输入的数值可以是正值，也可以是负值，但负值不能是比【左缩进】更大的数值。

【末行右缩进】 用于段落最后一行的设置，同样在选框中输入数值来进行末行右缩进的调整。

（4）段间距

段间距用来调整两个段落之间的距离，在【控制栏】以及【段落面板】中的【段前间距】 和【段后间距】 中进行调整。

在【控制栏】和【段落面板】中输入数值，设置"段前"和"段后"的数值，数值越大两个段之间的距离越大，反之越小。

（5）首字下沉

【首字下沉】用来设置段落的第一行第一字或前几个字字体变大，并且向下一定的距离，段落的其他部分保持原样。

对段落进行【首字下沉】设置，可以通过【控制栏】以及【段落面板】中的【首字下沉行数】 和【首字下沉一个或多个字符】 来设置，【首字下沉行数】后面的对话框中输入的数值，代表文字下沉的行数，【首字下沉一个或多个字符】可以设置下沉文字的字数，比如使首行前四个字下沉两行则输入4（图5-24）。

如果要删除首字下沉效果，只需在【首字下沉行数】栏中输入0即可。

（6）段落线

【段落线】可以在段落文本的前面或后面添加线段，使该段与其他段落明显地区分开来。【段落线】不单独出现，它是段落的一部分，随本文一起移动。

在【段落面板】菜单中选择【段落线】命令可以打开【段落线】对话框（图5-25），要设置段落线，首先要选择段落线出现的位置，包含【段前线】和【段后线】两种选项，然后选择【启用段落线】，在【段落线】对话框中还可以设置类型、颜色、粗细、缩进等属性。

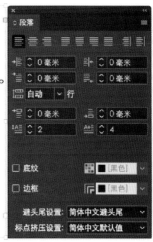

滚滚长江东逝水，浪花淘尽英雄。是非成败转头空，青山依旧在，几度夕阳红。滚滚长江东逝水，浪花淘尽英雄。滚滚长江东逝水，浪花淘尽英雄。一壶浊酒喜相逢，古今多少事，都付笑谈中。白发渔樵江渚上，惯看秋月春风。滚滚长江东逝水，浪花淘尽英雄。白发渔樵江渚上，惯看秋月春风。滚滚长江东逝水，浪花淘尽英雄。白发渔樵江渚上，惯看秋月春风。一壶浊酒喜相逢，古今多少事，都付笑谈中。

图5-24　首字下沉参数设置及效果

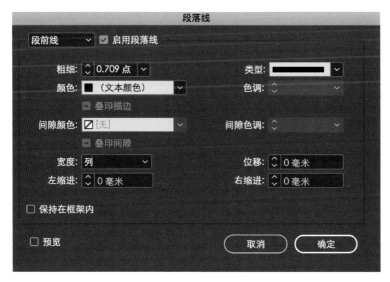

图5-25　【段落线】对话框

（7）强制行数

【强制行数】会使段落按指定的行数居中对齐。可以使用【强制行数】突出显示单行段落，可以在【段落面板】或【控制栏】里的【强制行数】中输入数值，指定要居中对齐的行数。

如果段落行数多于1行，可以在【段落面板】菜单中选择【段落强制行数】，这样整个段落就可以分布于指定行数。

（8）项目符号和编号

【项目符号和编号】是放在文本前的点或其他符号，可以起到强调作用。合理使用项目符号和编号，可以使文档的层次结构更清晰、更有条理。在【控制栏】或【段落面板】菜单中都可以设置【项目列表】和【编号】。

【项目符号列表】使每个段落的开头都有一个项目符号。【编号】使每个段落都将包含编号或字母以及分隔符表达式开头。对段落中的编号列表中添加或删除段落，则其中的编号会自动更新。

【文字工具】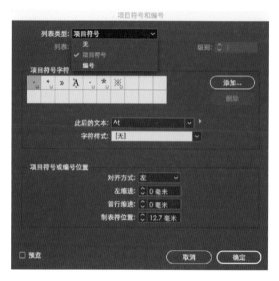是不能选择列表中的项目符号或编号的。但是可以在【段落面板】菜单中打开【项目符号和编号】对话框或来编辑其格式和缩进间距。如果它们是样式的一部分，则也可以使用【段落样式】对话框的【项目符号和编号】部分进行编辑（图5-26）。

图5-26　项目符号和编号对话框

【项目符号和编号】对话框可以更改项目符号的类型、编号样式、编号分隔符、字体属性和字符样式以及文字和缩进量。可以通过设置【项目符号和编号】对话框编辑需要的项目符号和编号。

8.字符样式

图5-27　字符面板

【字符样式】是所有文字格式属性的集合，它提供字符的字体、字号、字符间距和特殊效果等。字符样式仅作用于段落中选定的字符。

（1）创建和编辑字符样式

创建新的【字符样式】可以通过【字符样式】面板，选择【文件】|【字符样式】可以打开【字符样式】面板（图5-27）。

要新建【字符样式】，在【字符样式】面板菜单中选择【新建字符样式】命令，打开【新建字符样式】对话框（图5-28），或者双击【字符样式】面板下方的【创建新样式】按钮，然后双击【字符样式1】，便可打开【新建字符样式】对话框。

通过调整【新建字符样式】对话框中的选项，设置自己需要的字符格式，点击确定即可应用到所选择的文字上。

已经设置好的【字符样式】是可以编辑的，选中要编辑的【字符样式】，然后在该样式名称上点击鼠标右键，在弹出的快捷菜单中选择【编辑"样式名称"】，即可打开【字符样式选项】对话框（图5-29），然后根据需要修改，点击【确定】即可。

图5-28　新建字符样式对话框　　　　　　　　图5-29　字符样式选项对话框

（2）应用字符样式

运用【字符样式】可以设置多种艺术效果，提高排版效率。应用字符样式，首先要用【文字工具】![T] 选中要应用字符样式的文字，然后在【字符样式面板】中选择要应用的【字符样式】，点击【确定】，即可以在选定的文字上显示【字符样式】的效果。

（3）复制字符样式

选中要复制的样式，在【字符样式】面板菜单中选择【直接复制样式】命令，此时【字符样式】对话框中显示【"样式名称"副本】。或者双击【字符样式】面板下方的【创建新样式】按钮，此时【字符样式】对话框中显示【字符样式1】。

（4）删除字符样式

删除已经应用的【字符样式】，首先选中要删除的字体样式，点击【字体样式】面板下方的删除按钮。或者选中要删除的字体样式，选择【字体样式】面板菜单中的【删除样式】命令即可。

9.段落样式

【段落样式】是字符和段落格式特征的集合。可选择段落后使用【段落样式】对段落的格式进行调整。

（1）创建和编辑段落样式

创建新的【段落样式】可以通过【段落样式】面板，选择【文件】|【段落样式】可以打开

【段落样式】面板（图5-30）。

图5-30　段落面板

要新建【段落样式】，在【段落样式】面板菜单中选择【新建段落样式】命令，打开【新建段落样式】对话框（图5-31），或者双击【段落样式】面板下方的【创建新样式】按钮，然后双击【段落样式1】，便可打开【新建段落样式】对话框。

通过调整【新建段落样式】对话框中的选项，设置自己需要的字符格式，点击【确定】即可应用到所选择的文字上。

已经设置好的【段落样式】是可以编辑的，选中要编辑的【段落样式】，然后在该样式名称上点击鼠标右键，在弹出的快捷菜单中选择【编辑"样式名称"】，即可打开【段落样式选项】对话框（图5-32），然后根据需要修改，最后点击【确定】即可。

图5-31　新建段落样式对话框

图5-32　段落样式选项对话框

（2）应用段落样式

与【字符样式】类似，合理运用【段落样式】可以提高排版的效率。应用段落样式，首先要用【文字工具】选中要应用段落样式的段落，与应用【字符样式】不同的是，用【文字工具】不管选中的是该段中的一个字还是整个段落，整段文字都会应用当前的【段落样式】设置。选中段落后，在【段落样式面板】中选择需要的【段落样式】，点击【确定】，即可以在选定的文字上显示【段落样式】的效果。

（3）复制段落样式

要复制【段落样式】，首先选中要复制的样式，在【段落样式】面板菜单中选择【直接复制样式】命令，此时【段落样式】对话框中显示【"样式名称"副本】，或者双击【段落样式】面板下方的【创建新样式】按钮，此时【段落样式】对话框中显示【段落样式1】。

（4）删除段落样式

删除已经应用的【段落样式】，首先选中要删除的段落样式，点击【段落样式】面板下方的删除
🗑 按钮。或者选中要删除的段落样式，选择【段落样式】面板菜单中的【删除样式】命令即可。

10.路径文字

在InDesign中，可以用路径来约束文字，我们可以把路径当作一个文本框，使文字按照文本框
的形状排列。

（1）输入路径文字

输入路径文字首先要选择【钢笔工具】建立一条路径，然后右键点击工具箱中的【文字工
具】，选择【路径文字工具】输入横排文字或【垂直路径文字工具】输入竖排文字。将鼠标移至画
好的路径上，此时光标变为 🖊 时，点击鼠标左键输入文字（图5-33）。

另外，当我们绘制一个封闭路径时，便可以以路径的形状来约束文字的排列。首先用路径工
具绘制一个封闭的形状，然后选择工具栏中的【文字工具】 T ，将鼠标移至路径内部，此时光标
变为 ✈ ，点击鼠标，输入文字即可（图5-34）。

图5-33　路径文字

图5-34　路径文字

（2）编辑路径文字

输入路径文字后，可以对路径文字进行编辑，包括路径形状，文字起点终点设置、路径文字选
项等。

运用【转换方向点工具】【添加锚点工具】【删除锚点工具】都可以改变路径的形状，在改变

路径形状的同时，文字也随着路径形状的改变而改变（图5-35）。

定义【出口】【入口】位置。调整路径文本的入口位置和出口位置，首先选择【选择工具】将光标移至【入口】或【出口】位置，按住鼠标沿路径移动【入口】或【出口】标识，可以重新定义路径文字的起点和终点（图5-36）。

路径文字同样具有文本框架的属性，包含【出口】和【入口】，当路径不能完全显示文字时，同样会以溢出图标显示，可以按照与文本框架相同的操作处理溢出文本（图5-37）。

路径文字选项。选择【文字】|【路径文字】|【选项】，可以打开【路径文字选项】对话框（图5-38）。其中可以调整路径文字的效果、对齐、翻转、路径和间距。

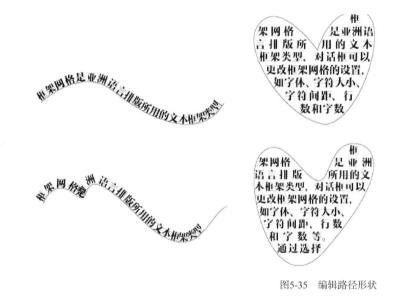

图5-35　编辑路径形状

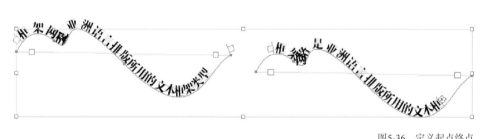

图5-36　定义起点终点

图5-37　路径文本溢出

图5-38 路径文字选项对话框

（3）删除路径文字

若要删除路径中的文字，首先要选中路径文字，然后选择【文字】|【路径文字】|【删除路径文字】，此时只保留了路径样式，路径上的文字被删除。若想路径和文字全部删除，选择【路径文字】后，点击键盘上的Delete键即可。

11.文本绕排

文本绕排是设置文本和图片关系的选项，选择【窗口】|【文本绕排】可以打开【文本绕排】面板（图5-39），在【文本绕排】面板中可以设置绕排的属性，包括绕排的类型，图片与文字的距离、绕排选项等。

在InDesign中，文本绕拍有五种类型：无文本绕排、沿定界框绕排、沿对象形状绕排以及上下绕排、下型绕排（图5-40）。

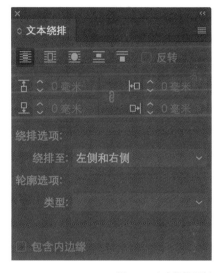

图5-39 文本绕排面板

| 无文本绕排 | 沿定界框绕排 | 沿对象形状绕排 | 上下绕排 | 下型绕排 |

图5-40 文本绕排效果

（1）反转文本绕排

选中【文本绕排】面板中的【反转】会使文本绕排到文本内部。

（2）编辑文本绕排

　　文本绕排边界其实是一条路径，可以运用路径工具来编辑文本绕排。同修改任意一条路径一样，可以用【钢笔工具】【转换方向点工具】【添加锚点工具】【删除锚点工具】来编辑文本绕排边框（图5-41）。

图5-41　编辑文本绕排

实例演练

第六课　图形图像操作

1.绘制路径和图形

在InDesign CC中，可以使用强大的绘图工具来绘制各种图形，包括矩形、椭圆、多边形等。它提供的绘图工具包括【铅笔工具】、【钢笔工具】、【矩形工具】和【直线工具】。

（1）铅笔工具

绘制自由形状的曲线，并创建开放或闭合的非精确路径，多用于勾画草图或建立手绘效果。

①绘制开放路径：在工具箱中点选【铅笔工具】，光标移动到页面，此时光标变为形状时，拖动鼠标就会出现虚线轨迹，到合适的位置释放鼠标，虚线轨迹便会形成完整的路径并且处于被选中状态（图6-1）。

②绘制闭合的路径：选择【铅笔工具】，在页面中拖动鼠标绘制路径，到需要的位置后返回到起点按住Alt键，松开鼠标，再松开Alt键，即可绘制出封闭的路径。

③转换闭合路径与开放路径：使用【铅笔工具】还可以将封闭路径转化为开放路径，或将开放路径转化为闭合路径。

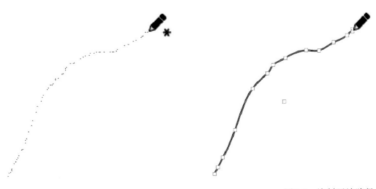

图6-1　绘制开放路径

④将封闭路径转化为开放路径：使用【铅笔工具】 ✏️ 移动到闭合路径上，当光标变为 ✏️ 时，按住鼠标向路径的内部或外部拖动，当达到满意的位置后，释放鼠标即可（图6-2）。

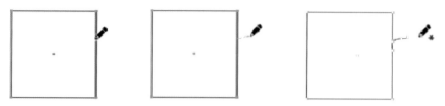

图6-2　封闭路径转化为开放路径（为了能让读者清楚地看到路径的断开效果，本图故意将断开路径锚点轻移了一点）

⑤将开放路径转化为闭合路径：选择要封闭的开放路径，然后将光标移动到开放路径上，当光标变为 ✏️ 时，拖动鼠标，到达满意的位置后，先释放鼠标后释放Alt键即可（图6-3）。

图6-3　开放路径转化为闭合路径

提示：在闭合路径操作中，要特别注意辅助键的使用，一定要先释放鼠标，再释放辅助键。

（2）平滑工具

当使用【铅笔工具】绘制了曲线路径后，可以继续使用【平滑工具】 ✏️，对手绘的不光滑的曲线进行平滑处理。平滑工具可以移去现有的路径或者某一部分路径中的多余尖角，最大限度地保留路径的原始状态，平滑后的路径通常具有较少的锚点。

要进行路径的平滑处理，只需沿着要平滑的路径反复拖动平滑工具，直到达到满意的平滑度为止。平滑后路径上的锚点数量明显减少，其平滑度明显提高（图6-4）。

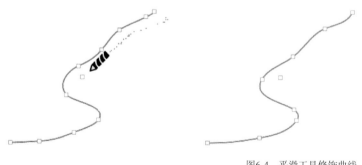

图6-4　平滑工具修饰曲线

提示：如果当前的工具是铅笔工具，要实现平滑工具的功能。可以在修饰路径时按下Alt键。

（3）抹除工具

使用【抹除工具】 可以擦去现有路径或描边的全部或一部分，也可以将一条路径分割为多条路径。点选工具箱中的【抹除工具】 ，鼠标指针变为 状时，在需要擦除的路径位置上拖动即可删除当前路径的一部分（图6-5）。

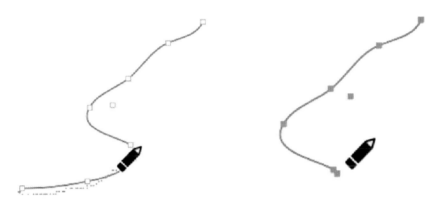

图6-5　抹除路径效果

（4）钢笔工具

【钢笔工具】 是绘图工具中强大的工具之一，可绘制各种各样的图形。如直线、折线、曲线等任意形状的路径，还可以对线段进行精确调整，使其更加完美。

①绘制直线和折线：在工具箱中点选【钢笔工具】 ，在页面中任意位置作为起点单击，然后移动光标到合适的位置单击确定终点，两点之间将自动连成一条直线路径（图6-6）。如果反复执行这样的操作，就会得到一系列由连续的折线构成的路径（图6-7）。

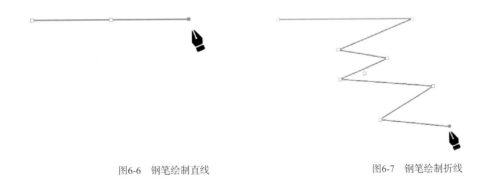

图6-6　钢笔绘制直线　　　　　　　　　　图6-7　钢笔绘制折线

提示：想结束路径的绘制，按住Ctrl键的同时在路径以外的空白处单击鼠标，即可取消继续绘制。
　　　绘制直线时，按住Shift键的同时单击，可绘制水平、垂直或45°角的直线。

②绘制曲线路径：在工具箱中点选【钢笔工具】 ✏️ ，在页面中任意位置作为起点单击，按住鼠标向所需方向拖动绘制终点，即可达到曲线。如果想起点也是曲线点，可以在起点绘制时按住鼠标拖动。

拖动绘制曲线时，会出现两条控制手柄，控制手柄的长度和坡度决定线段的形状（图6-8）。

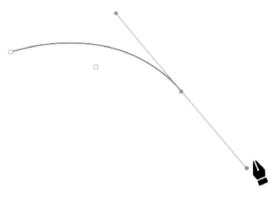

图6-8 钢笔工具绘制曲线

（5）直线工具

在工具箱中点选【直线工具】 ╱ ，鼠标指针会变为+形状，按下左键并拖动鼠标到合适的位置，松开鼠标即可绘制出一条任意角度的直线（图6-9）。

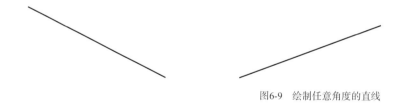

图6-9 绘制任意角度的直线

提示：按住Shift键后再进行绘制，则可以绘制出水平、垂直或45°角及其倍数的直线（图6-10）。

图6-10 绘制水平和45°角的直线

（6）矩形工具

①绘制矩形：点选工具箱中的【矩形工具】 ▣ ，鼠标指针会变为+形状，将光标移动到页面中，按住左键并拖动鼠标到合适的位置，松开鼠标即可绘制出一个矩形（图6-11）。

若按住Shift键后再进行绘制，则可以绘制出一个正方形（图6-12）。若按住Shift+Alt键后再进行绘制，则可以起始点为中心绘制出正方形。

②精确绘制矩形：点选工具箱中的【矩形工具】 ，在页面中单击鼠标，将弹出"矩形"对话框（图6-13）。在该对话框中可以设置所要绘制矩形的高度和宽度。

此外，在绘制完矩形后，可以再在控制面板上的【宽度】微调框 W: 102.75 毫米 和【高度】微调框中 H: 46.984 毫米 输入宽度和高度数值以调整矩形。

③设置矩形的角效果：选中绘制好的矩形，选择菜单【对象】│【角选项】命令，打开【角选项】对话框（图6-14）。

图6-11 绘制矩形

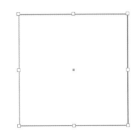

图6-12 绘制正方形

图6-13 矩形对话框

图6-14 角选项对话框

可从该对话框的 下拉列表中选择需要的角效果，在 4.233 毫米 文本框中可以输入数值以指定角效果到每个角点的扩展半径。图6-15为对矩形设置默认大小的不同角效果。

图6-15 矩形的不同角效果显示

（7）椭圆工具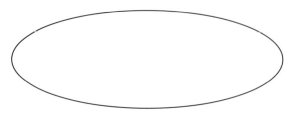

①绘制椭圆形：点选工具箱中的【椭圆工具】 后，将光标移动到页面中，按住左键并拖动鼠标到页面中的合适位置，释放鼠标即可绘制出一个椭圆形（图6-16）。

图6-16　椭圆形

> 提示：若按住Shift键后再进行绘制，则可以绘制出一个正圆形；
> 　　　若按住Shift + Alt键后再进行绘制，则可以起始点为中心绘制出正圆形；
> 　　　在使用【椭圆工具】时，按住空格键可以移动椭圆的位置。

②精确绘制椭圆形：点选工具箱中的【椭圆工具】 ，在页面中单击鼠标，将弹出【椭圆工具】对话框（图6-17）。在该对话框中可以设置所要绘制椭圆形的高度和宽度。

此外，在绘制完椭圆形后，可以再在控制面板上的

图6-17　椭圆工具对话框

【宽度】微调框 W:◇ 114 毫米 和"高度"微调框 H:◇ 56.25 毫米 中输入宽度和高度数值以调整椭圆形。

（8）多边形工具

①绘制多边形：点选工具箱中的【多边形工具】 后，将光标移动到页面中，按住左键并拖动鼠标到页面中的合适位置，释放鼠标即可绘制出一个多边形（图6-18）。

> 提示：若按住Shift键后再进行绘制，则可以绘制出一个正多边形；
> 　　　若按住Shift + Alt键后再进行绘制，则可以起始点为中心绘制出正多边形；
> 　　　在使用【多边形工具】时，按住空格键可以移动多边形的位置。

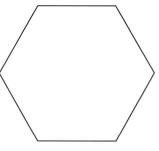

图6-18　多边形

②精确绘制多边形：点选工具箱中的【多边形工具】 ，在页面中单击鼠标，将弹出【多边形工具】对话框（图6-19）。在该对话框中可以设置所要绘制多边形的宽度、高度和边数。

此外，在绘制完多边形后，可以再在控制面板上的"宽度"微

图6-19　多边形工具对话框

调框 W:○ 67.5毫米 和"高度"微调框 H:○ 58.457毫: 中输入宽度和高度数值，以调整多边形的宽度和高度的数值。

③设置多边形的角效果：选中绘制好的多边形，然后选择菜单【对象】|【角选项】命令，打开【角选项】对话框，从中可对多边形设置不同的角效果（图6-20）。

图6-20　多边形的不同角效果

（9）绘制星形

①使用多边形工具绘制星形：双击工具箱中的【多边形工具】 ，打开【多边形设置】对话框。可在【边数】微调框中设置图形的边数，在【星形内陷】微调框中设置图形尖角的锐化程度（图6-21）。

②设置星形的角效果：选中绘制好的多边形，然后选择菜单【对象】|【角选项】对话框，从中可对星形设置不同的角效果（图6-22）。

图6-21　星形

2.编辑路径

在InDesign CC中绘制完成路径或图形后，可以通过编辑路径功能来进一步调整路径或图形，使其更加完美。

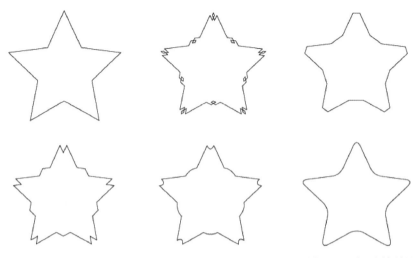

图6-22　星行不同角效果

　　锚点是构成图形对象的基本要素。使用【直接选择工具】 选择路径或图形对象后，则会显示路径或图形的全部锚点。通过移动锚点、锚点的控制点和控制线，可以编辑路径或图形的形状，还可以通过增加、删除或转换锚点来更好地编辑路径或图形。

（1）选择和移动锚点

①选择锚点

　　要对路径上的锚点进行编辑，必须先选中要编辑的锚点。点选工具箱中的【直接选择工具】 ，在绘制好的路径上单击鼠标，即可显示出路径上的所有锚点，然后在需要选取的锚点上单击，此时锚点上会显示出控制线和位于控制线两端的控制点，同时会显示前后锚点的控制线和控制点（图6-23）。

　　点选工具箱中的【直接选择工具】 ，若按住Shift键再单击需要的锚点，可一次性选取多个锚点（图6-24）。

　　点选工具箱中的【直接选择工具】 ，在绘图页面中的路径外按住左键并拖动鼠标，拖拽出一个矩形框圈住路径上的多个或全部锚点，也可一次性选取多个锚点（图6-25）。

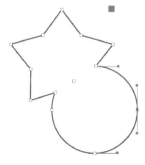

图6-23　选择路径上的一个锚点

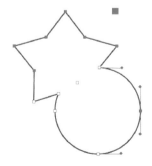

图6-24　选择路径上的多个锚点

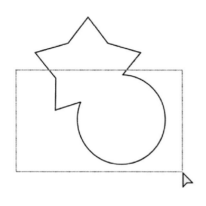

图6-25　框选路径上的多个锚点

点选工具箱中的【直接选择】 ，将鼠标放在路径的中心点位置，此时鼠标指针变为 形状，单击即可选中路径上的所有锚点（图6-26）。

②移动锚点：通过移动锚点和锚点上的控制点，可以调节路径和图形的细节，使所绘制的图形更加完善。

点选工具箱中的【直接选择】 ，单击要移动的锚点并按住左键拖动鼠标，到需要的位置后松开鼠标即可调整图形（图6-27）。

点选工具箱中的【直接选择】 ，框选中图形上的部分锚点，然后按住左键并拖动其中任意一个锚点，其他被选中的锚点也会随着移动，到合适的位置后松开鼠标即可（图6-28）。

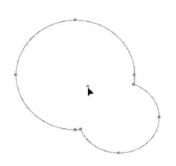

图6-26　选择路径上所有锚点

图6-27　移动单个锚点

71

 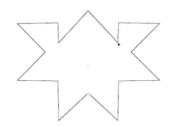 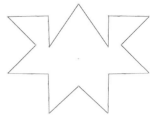

图6-28　移动多个锚点

（2）添加、删除和转换锚点

在工具箱中的【钢笔工具】 右下角的黑色小按钮上单击鼠标左键并按住不放，几秒钟后会显示钢笔工具中所包含的隐藏工具：【添加锚点工具】 、【删除锚点工具】 、【转换方向点】 。使用这些工具可以方便地添加、删除、转化锚点，从而使所绘制的路径或图形更简洁、完美。

①【添加锚点工具】 用于在路径上添加控制点，以便对路径形状进行修改，可以增强对路径的控制，也可以扩展开放路径。但最好不要添加多余的锚点，锚点数较少的路径更易于编辑、显示和打印。

点选工具箱中的【直接选择】 ，选中需要添加锚点的路径，然后点选【添加锚点】 ，在路径上需要添加锚点的位置直接点击即可（图6-29）。

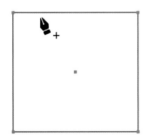 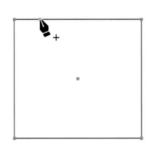 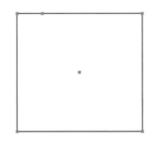

图6-29　添加锚点

②【删除锚点工具】 用于减少路径上的控制点，对路径形状进行修改，可以通过删除不必要的锚点来降低复杂性。

点选工具箱中的【直接选择】 ，选中需要删除锚点的路径，然后点选【删除锚点工具】 ，直接单击路径上需要删除的锚点即可（图6-30）。

③【转换方向点工具】 用于对路径上锚点的属性进行转换。

在工具箱中点选【直接选择工具】 ，在需要转换属性的锚点上直接单击，就可以将曲线上的锚点转换为直线上的锚点，或者将直线上的锚点转换为曲线上的锚点（图6-31）。

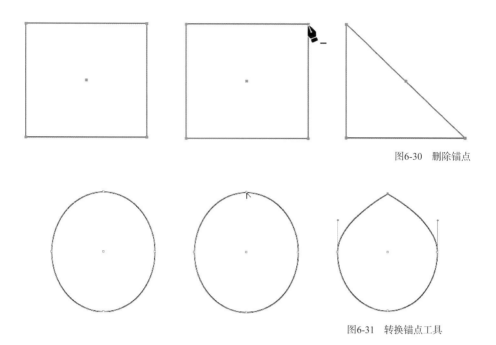

图6-30　删除锚点

图6-31　转换锚点工具

（3）连接和断开路径

一条开放或闭合路径可以被断开为多条路径，而断开的路径也可以重新连接为一条闭合的路径。

①连接路径。

使用工具连接路径：点选工具箱中的【钢笔工具】，将鼠标指针放在一条路径的端点上，当指针变为　　形状时，单击端点，然后将鼠标指针放置在另一条路径的端点上，当指针变为　　形状时，再单击端点即可将两条路径连接起来（图6-32）。

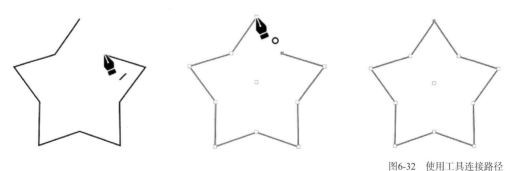

图6-32　使用工具连接路径

使用面板连接路径：选择菜单【窗口】|【对象和面板】|【路径查找器】命令，打开【路径查找器】面板（图6-33）。

同时选中两条开放的路径，然后单击【路径查找器】面板上方的"连接路径"按钮　　，即可将两条路径连接成一条路径（图6-34）。

选中一条开放路径，然后单击【路径查找器】面板上方的【封闭路径】按钮　　，即可将开放路径闭合（图6-35）。

图6-33 路径查找器面板

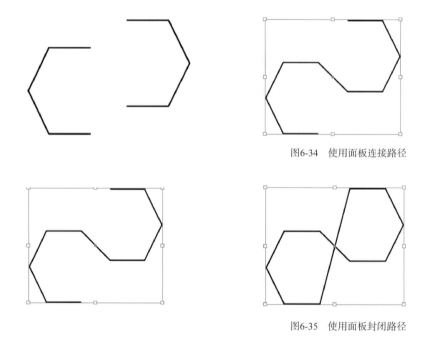

图6-34 使用面板连接路径

图6-35 使用面板封闭路径

使用菜单连接路径：选中一条开放路径，然后选择菜单【对象】|【路径】|【封闭路径】命令，也可以将路径闭合。

②断开路径。

使用工具断开路径：点选工具箱中的【直接选择工具】  ，选中要断开路径的锚点，然后点选【剪刀工具】  ，在锚点处点击，即可将路径断开（图6-36）。

点选工具箱中的【选择工具】  ，选中要断开的路径，然后点选【剪刀工具】  ，在断开的路径处单击即可将路径剪开，随后将在单击处生成呈选中状态的锚点（图6-37）。

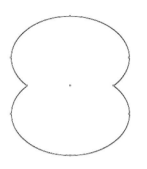 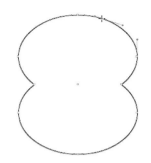 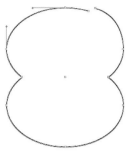

图6-36　使用工具断开路径（为方便读者，本图将路径断开处轻移一点）

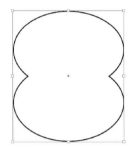 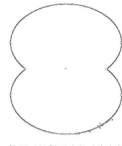 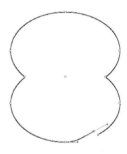

图6-37　使用工具断开路径（为方便读者，本图将路径断开处轻移一点）

使用面板断开路径：点选工具箱中的【选择工具】 ，选中要断开的路径，选择菜单【窗口】|【对象和版面】|【路径查找器】命令，打开【路径查找器】面板。单击该面板上方的【开放路径】按钮 ，即可将封闭的路径断开。路径中呈选中状态的锚点就是断开的锚点（图6-38）。

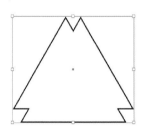 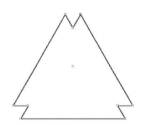 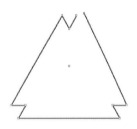

图6-38　使用面板断开路径

3.转换形状

在InDesign CC中，可以方便地在基本形状之间进行转换，从而快速得到各种形状的图形。

（1）使用菜单进行转换

点选工具箱中的【选择工具】 ，选中需要转换的图形，然后选择菜单【对象】|【转换形状】命令，再从打开的子菜单中选择需要

矩形
圆角矩形
斜角矩形
反向圆角矩形
椭圆
三角形
多边形
线条
正交直线

图6-39　转换形状子菜单

的形状，包括矩形、圆角矩形、斜角矩形、反向圆角矩形、椭圆、三角形、多边形、线条和正交直线（图6-39）。

矩形与其他形状转换的效果（图6-40）。

（2）使用面板进行转换

点选工具箱中的【选择工具】 ，选中需要转换的图形，然后选择菜单【窗口】|【对象和版面】|【路径查找器】命令，打开【路径查找器】面板（图6-41）。

单击该面板下方的【转换形状】选项组中的按钮，即可在各种形状之间转换。

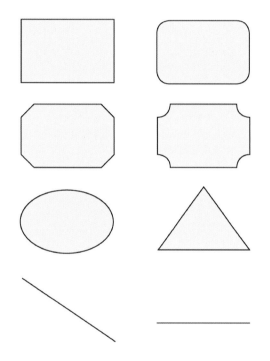

图6-40 转换形状

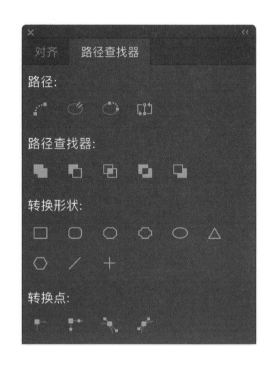

图6-41 路径查找器面板

4.复合路径

复合路径是指将两条或两条以上的封闭或者开放路径合并为一条路径。创建复合路径时，所有最初选定的路径都将成为复合路径的子路径，并且复合路径的描边和填色会使用排列顺序中最底层对象的描边和填色。

（1）创建复合路径

在工具箱中点选【选择工具】 ，选中所有要包含在复合路径中的路径，选择菜单【对象】|【路径】|【建立复合路径】命令，或按快捷键Ctrl+8，即可完成复合路径的创建（图6-42）。

（2）分解复合路径

可以通过释放复合路径（将它的每个子路径转换为独立的路径）来分解复合路径。在工具箱中点选【选择工具】 ，并选中要拆分的复合路径，选择菜单【对象】|【路径】|【建立复合路径】命令，或者按快捷键Ctrl+Shift+Alt+8，即可完成复合路径的拆分。

所有子路径的描边和填色属性，仍然使用叠放在最底层的子路径的描边和填色，而不会恢复到复合之前的属性（图6-43）。

图6-42　建立复合路径

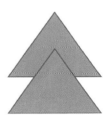

图6-43　分解复合路径

（3）反转路径

反转路径就是反转路径的起点和终点。在页面中选择一个路径，选择菜单【对象】|【路径】|【反转路径】命令（图6-44）。

图6-44　反转路径

5.复合形状

复合形状由两条或多条路径、复合路径、群组、文本轮廓、文本框架构成，或者由彼此相交和截断而创建的新的可编辑形状组成。

可以将复合形状作为单个单元进行处理，或者释放它的组件路径以单独处理每个路径。复合路径的外观取决于路径查找器的使用情况，选择菜单【窗口】|【对象和版面】|【路径查找器】命令，打开【路径查找器】面板（图6-45）。复合形状的操作可以在该面板中进行。

图6-45　路径查找器面板

（1）相加

相加就是将几个图形结合成为一个图形，新的图形轮廓由被添加图形的边界组成，被添加图形的交叉线则消失。

点选工具箱中的【选择工具】，选中需要的图形，然后单击【路径查找器】面板上的【相加】按钮，即可将两个图形相加。相加后图形的描边和颜色都与最前方的图形相同（图6-46）。

（2）相减

相减是从最底层的对象中减去最顶层的对象，被减后的对象将保留其填充和描边属性。

点选工具箱中的【选择工具】，选中需要的图形，然后单击【路径查找器】面板上的【减去】按钮，即可将两个图形相减。相减后图形保持底层对象的属性（图6-47）。

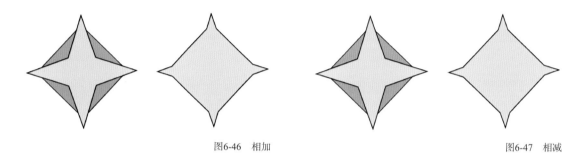

图6-46 相加　　　　　　　　　　　　　　　　　图6-47 相减

（3）交叉

交叉就是将两个或两个以上对象的相交部分保留，使相交部分成为一个新的图形对象。

点选工具箱中的【选择工具】，选中需要的图形，然后单击【路径查找器】面板上的【交叉】按钮，即可将两个图形相交。相交后图形保持顶层对象的属性（图6-48）。

（4）排除重叠

排除重叠就是减去前后图形的重叠部分，将不重叠的部分创建新图形。

点选工具箱中的【选择工具】，选中需要的图形，然后单击【路径查找器】面板上的【排除重叠】按钮，即可将两个图形相重叠的部分减去。排除重叠后的图形保持顶层对象的属性（图6-49）。

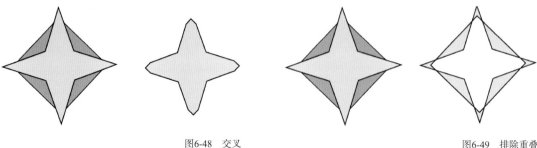

图6-48 交叉　　　　　　　　　　　　　　　　　图6-49 排除重叠

（5）减去后方对象

减去后方对象就是减去后面的图形，并减去前后图形的重叠部分，只保留前面图形的剩余部分。

点选工具箱中的【选择工具】 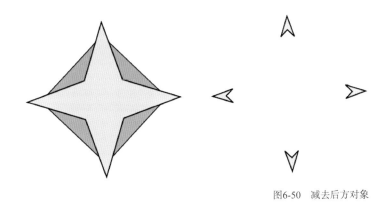 ，选中需要的图形，然后单击【路径查找器】面板上的【减去后方对象】 ，即可将后方的图形减去。减去后方的图形保持底层对象的属性（图6-50）。

图6-50 减去后方对象

6.置入图像

【置入】命令是将图像导入InDesign的主要方法，因为它可以在分辨率、文件格式、多页面PDF文件和颜色方面提供最高级别的支持。

（1）直接置入图像

选择菜单【窗口】|【置入】命令，打开【置入】对话框（图6-51）。

图6-51 置入对话框

提示：如果所创建的文档并不十分注重图像的特性，则可以通过选择【编辑】|【复制】命令和【编辑】|【粘贴】命令的结合，从剪贴板中直接置入图像。

置入图形文件时可以使用哪些选项则取决于图形的类型。在【置入】对话框中选择【显示导入选项】复选框后，就会显示这些选项（图6-52）。如果未选择【显示导入选项】复选框，则InDesign CC将应用默认设置或上次置入该类型的图形文件时所使用的设置。

图6-52 【图像导入选项】对话框

提示：可以在【置入】对话框中选择多个图像后单击【打开】按钮，此时鼠标指针上会显示已准备就绪可以导入的图像的数量，依次在页面中单击即可添加图像。

（2）在对象中置入图像

在InDesign CC中可以将图像置入到某个特定的路径、图像或框架对象中。置入图像后，不论是路径还是图形都会被系统转换为框架（图6-53）。

置入图像后，选择菜单【对象】|【适合】命令，在打开的下级子菜单中则会列出可供调整置入图像与框架位置关系的所有命令（图6-54）。

（3）从剪贴板中置入图像

如果要使用当前出版物其他页面中的图像或者其他InDesign出版物中的图像，则可以使用剪贴板置入图像的方法。

在原位置选中要使用的图像后，选择菜单【编辑】|【复制】命令将图像复制到剪贴板中，然后通过页面操作定位到目标位置后，再选择【编辑】|【复制】命令即可将剪贴板中的图像置入到所需的页面中。

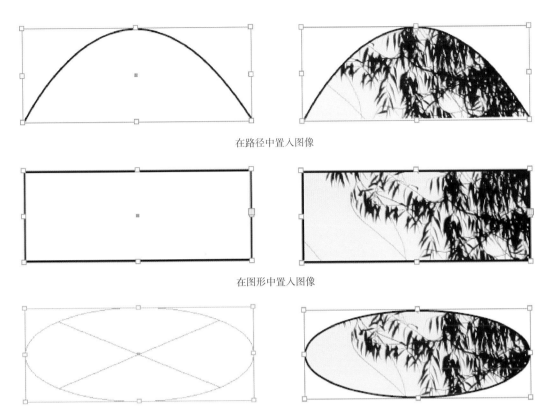

在路径中置入图像

在图形中置入图像

在框架中置入图像

图6-53 在对象中置入图像

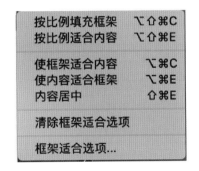

图6-54 调整置入图像与框架位置的命令

7.剪切图像

置入图像后，可以对图像的可见范围进行控制。在InDesign CC中有多种对图像进行剪切的方法。

（1）利用框架剪切

在InDesign CC中置入的图像一定被放在框架中，通过点选【选择工具】 和【直接选择工具】 ，即可利用框架对置入的图像进行剪切。

①使用【选择工具】▷：选中置入的图像后，通过调整框架周围的八个控制点，可以剪切得到图像的不同部分（图6-55）。

②使用【直接选择工具】▷：选中置入的图像后，鼠标指针在图像上会变成 ▶ 形状，此时拖动鼠标即可对图像进行移动，而原框架不变，图像超出框架部分则被剪切（图6-56）。

选中置入图像的框架后，单击选中框架控制点，然后通过调整被选中控制点的位置，即可对置入的图像进行不规则剪切（图6-57）。

图6-55　使用选择工具利用框架剪切图像

图6-56　使用直接选择工具剪切图像

图6-57　使用直接选择工具不规则剪切图像

（2）不规则剪切

利用 InDesign CC 的【铅笔工具】✐ 或【钢笔工具】✐ 可以使置入的图像产生不规则的剪切效果。使用【铅笔工具】或【钢笔工具】在图像上绘制一条不规则的路径。选中图像后再选择菜单【编辑】|【剪切】命令，即可将图像剪切至剪贴板上。选中不规则的路径，然后选择菜单【编辑】|【贴入内部】命令即可将图像粘贴入绘制的路径中，形成剪贴效果（图6-58）。

（3）利用角效果剪切

利用InDesign CC的角效果也可以使图像产生剪切效果。使用【选择】  选中图像后，选择菜单【对象】|【角选项】命令，然后在打开的【角选项】对话框中设置一种角效果和效果的大小，即可使图像得到相应的剪切效果（图6-59）。

图6-58　使用图形不规则剪切图像

图6-59　使用角效果剪切图像

8.链接和嵌入图像

在出版物中置入图像以后，该图像的原始文件并没有被复制到出版物中，仅在页面中添加了一个以屏幕分辨率显示的版本供用户查看，同时在原始文件和置入图像之间创建了一个链接。只有在导出或打印时，InDesign CC才用链接来查找原始图像，并以原始图像的分辨率进行最终的输出。

（1）链接文件

在图标面板中单击【链接】选项，打开【链接】面板（图6-60）。通过【链接】面板，可以方便地选择、更新、监控当前出版物所有页面中的外部链接文件。

在【链接】面板中，单击某个链接文件的名称即可选中该链接，选中后单击面板底部的【转至链接】  按钮，可以切换到该链接文件所在地页面进行显示；双击某个链接文件的名称则可以显示或隐藏面板下方的【链接信息】面板，查看所有链接文件的原始信息。

要对已有的链接进行替换，可以在【链接】面板中选择该

图6-60　链接面板

链接，然后点击面板底部的【重新链接】按钮 ，或者直接在【链接信息】对话框中单击【重新链接】按钮，均可打开【重新链接】对话框，从中选择要替换的文件后单击【打开】按钮，完成替换（图6-61）。

图6-61 重新链接对话框

> 提示：在【链接】面板中，列出了当前出版物中所有使用到的外部链接文件的名称，以及该链接文件所处的页面的页号。单击【链接】面板右上角的 ▤ 按钮，再从隐含菜单中选择按名称排序、按页面排序或者按状态排序命令，可以对所有外部链接文件重新进行排序显示，便于用户查找。

（2）嵌入文件

图6-62 嵌入文件

嵌入一个链接文件可以将文件储存在出版物中，但是嵌入后会增大出版物的存储容量，而且出版物中的嵌入文件也不再随外部文件的更新而更新。

在【链接】面板中选中某个需要嵌入的链接文件后，单击面板右上角的按钮，再从面板菜单中选择【嵌入链接】命令，即可将所选的链接文件嵌入到当前出版物中。完成嵌入的链接文件名的后面会显示【嵌入】图标（图6-62）。

要取消链接文件的嵌入，可以在【链接】面板中选一个或多个已经嵌入的文件，然后单击面板右上角的按钮，再从隐含菜单中选择【取消嵌入文件】命令，打开Adobe InDesign提示框，提示用户是否要链接至原文件（图6-63）。

在该提示框中单击【是】按钮，直接取消链接文件的嵌入并链接至原文件；单击【取消】按钮，将放弃取消链接文件的嵌入；单击【否】按钮，将打开【选择文件夹】对话框，供用户选择当前的嵌入文件作为链接文件的原文件所存放的目录（图6-64）。

图6-63 Adobe InDesign 提示框

图6-64 选择文件夹对话框

（3）更新、恢复和替换链接

在【链接】面板中可以看到图像文件的状态是否有变化，如果文件找不到，就会在右侧显示问号图标 （图6-65）。

【更新链接】可以在【链接】面板中选一个或多个带有【已修改的链接文件】图标链接，然后单击面板底部的【更新链接】按钮，或者单击面板右上角的按钮，再从隐含菜单中选择【重新链接】命令即可完成链接的更新。

图6-65 链接面板显示图像文件的状态

【恢复链接】可以在【链接】面板中选中一个或多个带有【缺失链接文件】 的链接，然后单击面板底部的【重新链接】按钮，或者单击面板右上角的 按钮，再从隐含菜单中选择【重新链接】命令，打开【定位】对话框。重新对文件进行定位后，单击【打开】按钮即可完成对丢失链接的恢复操作。

实例演练

第七课　颜色操作

1.颜色基础

（1）颜色模式

　　颜色模式是将某种颜色表现为数字形式的模型，或者说是一种记录图像颜色的方式。在InDesign CC中共有四种颜色模式：灰度模式、RGB模式（即红、绿、蓝）、Lab颜色模式以及CMYK模式(即青、洋红、黄、黑)。这四种模式的功能和用途各不相同，不同的色彩模式对于图形的显示和打印效果各不相同，设置差别很大，所以有必要对颜色模式有个清楚的认识。下面分别讲述【颜色】面板菜单中四种颜色模式的含义及用法。

　　①灰度模式：灰度模式属于非色彩模式。可以使用多达256级灰度来表现图像，使图像的过渡更平滑细腻。灰度图像的每个像素有一个0（黑色）到255（白色）之间的亮度值。灰度值也可以用黑色油墨覆盖的百分比来表示（0%等于白色，100%等于黑色）。简单来说，灰度模式是白色到黑色之间的过渡颜色。在灰度模式中，把从白色到黑色之间的过渡色分为100份，以百分数来计算。设白色为0%，黑色为100%，其他灰度级用0～100百分数来表示，各灰度级表示了图形灰色的亮度级。在出版、印刷许多地方都用到黑白图像，即灰度图，这就是灰度模式的效果。

　　②RGB模式：RGB模式是光的色彩模型，俗称三原色，即三个颜色通道：红、绿、蓝。RGB模式是一种发光屏幕的加色模式，将每一个色谱分为256份，用0-255这256个整数表示颜色的深浅，其中0代表颜色最深，255代表颜色最浅。所以RGB模式所能显示的颜色有256×256×256，共16777216种颜色。RGB色彩模式又称加色模式，因为当增加红、绿、蓝色光的亮度级时，色彩会变得更亮。所有显示器、投影仪、电视等都依赖于加色模式（图7-1）。

　　③Lab模式：由RGB三基色转换而来的，它是由RGB模式转换为HSB模式和CMYK模式的桥梁。该颜色模式由一个发光率(Luminance)和两个颜色(a,b)轴组成。它由颜色轴

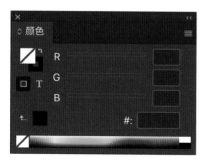

图7-1　RGB模式

所构成的平面上的环形线来表示色的变化，其中径向表示色饱和度的变化，自内向外，饱和度逐渐增高；圆周方向表示色调的变化，每个圆周形成一个色环；而不同的发光率表示不同的亮度并对应不同环形颜色变化线。它是一种具有"独立于设备"的颜色模式，即不论使用任何一种监视器或者打印机，Lab的颜色都不变。其中a表示从洋红至绿色的范围，b表示黄色至蓝色的范围（图7-2）。

④CMYK模式：一种印刷模式，主要应用于图像的打印输出，该模式是基于商业打印的油墨吸收光线，当白光落在油墨上时，一部分光被油墨吸收了，没有吸收的光就返回到眼睛中。其中四个字母分别指青（Cyan）、洋红（Magenta）、黄（Yellow）、黑（Black），在印刷中代表四种颜色的油墨。CMYK模式在本质上与RGB模式没有什么区别，只是产生色彩的原理不同，在RGB模式中由光源发出的色光混合生成颜色，而在CMYK模式中由光线照到有不同比例C、M、Y、K油墨的纸上，部分光被吸收后，反射到人眼的光产生颜色。由于C、M、Y、K在混合成色时，随着C、M、Y、K四种成分的增多，反射到人眼的光会越来越少，光线的亮度会越来越低，所以CMYK模式产生颜色的方法又称为色光减色法（图7-3）。

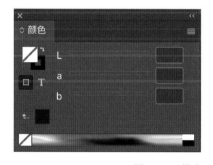 

图7-2　Lab模式　　　　　　　　　图7-3　CMYK模式

提示：在使用Lab或RGB色彩模式时，在【颜色】面板左下方出现一个中间有感叹号的黄色三角形 ⚠ ，这表示设置颜色为超出色警告，即这种颜色不能用CMYK油墨打印。在黄色三角形右侧将出现一个与设置的颜色最接近的CMYK颜色块 ▨。单击该颜色块将可以用它来替换超出色域警告的颜色。

（2）颜色类型

颜色类型有专色和印刷色两种，这两种颜色类型与商业印刷中所使用的两种主要油墨类型相对应。在【色板】面板中，可通过颜色名称旁边的图表来识别该颜色的颜色类型。印刷色的最终颜色值是CMYK值，若使用RGB或Lab颜色，在分色时这些颜色值将被转换为CMYK值。

①专色：一种预先混合的特殊油墨，是CMYK四色印刷油墨之外的另一种油墨，比如金、银等特殊色。用于替代CMYK四色印刷油墨，它需要在印刷时有专门的印版。当指定的颜色较少而且对颜色的准确性要求较高时，或者当在印刷过程中要求使用专色油墨时，则应使用专色。

②印刷色：使用四种标准印刷色油墨的组合进行印刷的青、洋红、黄和黑。当需要的颜色较多，从而导致使用单独的专色油墨成本很高或者不可行时，则需要使用印刷色。

2.颜色填充

在InDesign CC中，可以对所选对象进行颜色填充，以创作出精美的设计作品。单色填充也称为实色填充，是颜色填充的基础。

（1）拾色器的使用

点选【选择】 ，选中要填充的图形，双击工具箱中的【填色】按钮 ，打开【拾色器】对话框，然后在该对话框中完成颜色的选择即可（图7-4）。

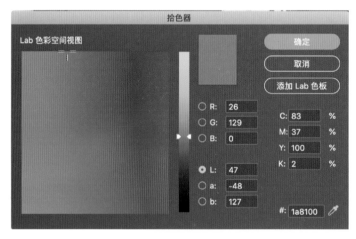

图7-4 【拾色器】对话框

要在【拾色器】对话框中定义颜色，可以使用以下操作：

①在颜色色谱内单击或拖动。十字准线指示颜色在色谱中的位置。

②沿着颜色滑动条拖动三角形或在颜色滑动条内单击。

③在各颜色分量数值框中输入值。

使用选择工具选中图片的背景，然后打开【拾色器】对话框，在该对话框中设置颜色值为CMYK（100，27，68，0）的颜色，单击【确定】按钮退出该对话框（图7-5）。

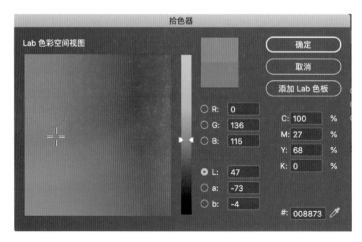

图7-5 设置颜色值

（2）【颜色】面板

【颜色】面板可以通过修改不同的颜色值，精确地指定所需要的颜色。

选择【窗口】｜【颜色】命令，即可打开【颜色】面板（图7-6）。单击【颜色】面板右上角的 ▤ 按钮，即可弹出【颜色】面板菜单，以选择不同的颜色模式。

选中要填充的对象，将光标移动到取色区域，光标将变为吸管形状 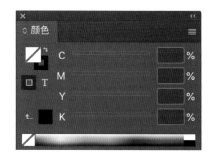，单击即可选取颜色。也可以拖动各个颜色滑块或者在各个数值框中输入有效的数值，以设置出更精确的颜色。设置好后，颜色将被直接应用到当前选定的对象上。

图7-6　【颜色】面板

提示：按F6键，可以快速打开【颜色】面板。

（3）【色板】面板

在图标面板上单击【色板】图标，打开【色板】面板，在面板中单击需要的颜色，可以填充当前选中的图形（图7-7）。

使用【选择工具】 ▷ 选中需要填充的图形，然后单击【色板】面板右上角的 ▤ 按钮，再从弹出的面板菜单中选择【新建颜色色板】命令，打开【新建颜色色板】对话框，从中设置颜色值（图7-8），单击【确定】按钮即可填充选择的当前对象。

图7-7　色板面板

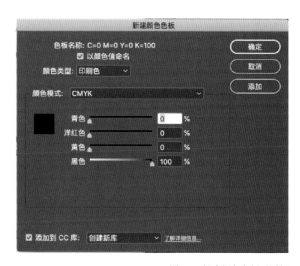

图7-8　新建颜色色板对话框

提示：在【色板】面板中单击并拖曳需要的颜色到要填充的图形上，松开鼠标，也可以填充图形。

（4）应用上次使用的颜色

使用颜色后，工具箱上将显示上次使用的颜色或渐变。用户可以直接从工具箱中应用该颜色或渐变，具体操作如下：

①选择要着色的对象或文本。

②在工具箱中，根据要着色的文本或对象，单击【填色】或【描边】按钮。

③在工具箱中，单击【颜色】按钮 ■ ，可以应用上次在【色板】或【颜色】面板中选择的单色。单击【渐变】按钮 ▣ ，可以应用上次在【色板】或【渐变】面板中选择的渐变色。单击【无】按钮 ◪ ，可以移去该对象的填色或描边。

（5）通过拖放应用颜色

一种应用颜色或渐变更为简单的方法，就是将其从颜色源直接拖放到目标对象或面板上。而采用拖放法，可以不必选中对象即可将颜色或渐变应用于对象。

可以作为颜色源被拖动的界面元素包括：

①工具箱中的【填色】或【描边】按钮。

②【颜色】面板中的【填色】或【描边】按钮。

③【色板】面板中的色板。

④【渐变】面板中的预览框 ▣ 。

（6）使用【吸管工具】应用颜色

使用【吸管工具】可以从文件的任何对象中复制填色和描边属性。默认情况下，【吸管工具】会载入对象的所有可用的填色和描边属性，并为任何新绘制对象设置默认填色和描边属性。可以使用【吸管选项】对话框来更改【吸管工具】所复制的属性。

> 提示：当【吸管工具】变为 ✎ 加载属性后，按Alt键，【吸管工具】将反转方向并呈现空置状态 ✎ ，此时可以选取新属性。

3.渐变填充

渐变填充是实际制图中使用率相当高的一种填充方式，它与单色填充最大的不同就是单色由一种颜色组成，而渐变色则是由两种或两种以上的颜色组成。创建渐变填充有多种方法，可以使用【渐变色板工具】 ■ 、【渐变羽化工具】 ▣ ，也可以使用【渐变】面板、【颜色】面板和【色板】面板。

（1）创建渐变填充

使用【选择工具】选中需要填充的图形，点选工具箱中的【渐变色板工具】■，在图中需要的位置单击确定渐变的起点，按住鼠标左键并拖动到合适的位置，松开鼠标即可为图形填充渐变效果，然后修改渐变的颜色（图7-9）。

使用【选择工具】选择需要填充的图形，点选工具箱中的【渐变羽化工具】■，在图中需要的位置单击确定渐变的起点，按住鼠标左键并拖动到合适的位置，松开鼠标即可为图形填充渐变羽化效果（图7-10）。

图7-9　图形渐变填充效果

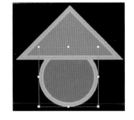 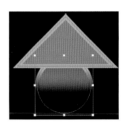

图7-10　图形填充渐变羽化效果

（2）【渐变】面板

选择【窗口】|【渐变】命令，或者双击工具箱中的【渐变色板工具】■，打开【渐变】面板（图7-11）。

从该面板中的【类型】下拉菜单中选择【线性】或【径向】渐变类型，在【位置】和【角度】数值框中设置当前渐变的位置及角度，在下方的颜色条上设置渐变的起始、中间和终止颜色，设置完毕单击【反向】按钮即可将颜色条上的渐变反转（图7-12）。

在渐变颜色条的底边单击鼠标，添加一个颜色滑块，然后可通过【颜色】面板或【拾色器】对话框设置其颜色，从而改变该滑块的颜色。按住颜色滑块不放并将其拖动到【渐变】面板外，则可删除。

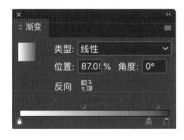

图7-11　渐变面板

图7-12　反向应用

（3）渐变填充的样式

渐变包括线性和径向两种类型。

①线性渐变填充

线性渐变填充是一种比较常用的渐变填充方式，通过【渐变】面板，可以精确地指定线性渐变的起始和终止颜色，还可以调整渐变方向；通过调整中心点的位置，可以生成不同的颜色渐变效果（图7-13）。

②径向渐变填充

径向渐变填充与线性渐变填充不同，它是从起始颜色以圆的形式向外发散，逐渐过渡到终止颜色。它的起始颜色、终止颜色以及渐变填充中心点的位置都可以改变，使用径向渐变填充也可以生成多种渐变填充效果（图7-14）。

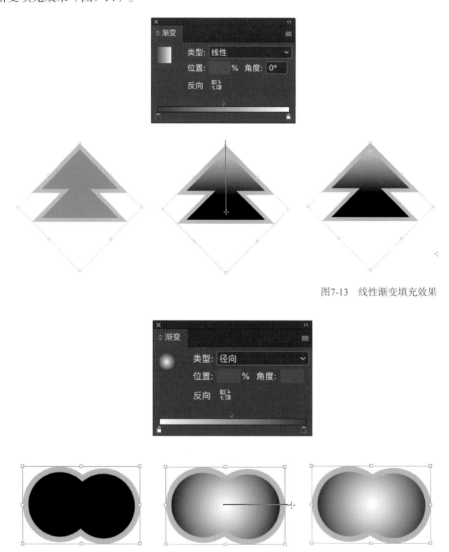

图7-13　线性渐变填充效果

图7-14　径向渐变填充效果

（4）渐变填充的位置和角度

渐变填充的角度和位置将决定渐变填充的效果，渐变的位置和角度可以利用【渐变】面板来修改，也可以使用【渐变色板】工具来修改。

①利用【渐变】面板修改

修改渐变位置：在【渐变】面板中选择要修改位置的色标，可以从【位置】文本框中看到当前色标的位置。输入新的数值或左右拖动色标的位置，即可修改选中色标的位置（图7-15）。

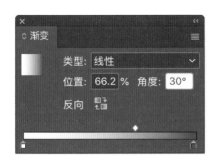

图7-15　修改渐变位置

> 提示：除了选择色标后修改【位置】参数来修改色标位置，还可以直接左右拖动色标来修改颜色的位置，也可以拖动【渐变滑块】来修改颜色的位置。

修改渐变的角度：选择修改渐变角度的图形对象，在【渐变】面板中的【角度】文本框中输入新的角度值，然后按Enter键即可（图7-16）。

图7-16　修改渐变角度

②利用【渐变色板】工具修改

【渐变色板】主要用来控制渐变填充。利用该工具不仅可以填充渐变，还可以通过拖动起点和终点的不同填充渐变效果。使用【渐变色板】修改渐变的角度和位置最大的好处是比较直观、方便。

要使用【渐变色板】修改渐变填充，首先选择要填充渐变的图形，然后在【工具箱】中选择【渐变色板】，在合适的位置按住鼠标确定渐变的起点，然后在不释放鼠标的情况下拖动鼠标确定渐变的方向，达到满意的效果后释放鼠标确定渐变的终点，完成渐变填充的修改（图7-17）。

> 提示：使用【渐变色板】编辑渐变时，起点和终点的位置不同，渐变填充的效果也不同。在拖动时，按住Shift键可以限制渐变为水平、垂直或45° 倍数的角度进行填充。

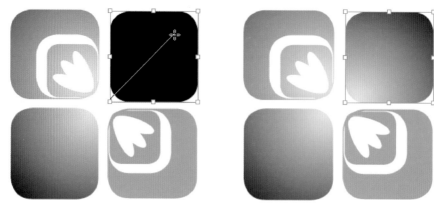

图7-17　修改渐变

（5）编辑渐变颜色

在进行渐变填充时，默认的渐变不一定适合制图的需要，这时就需要编辑渐变。编辑渐变的方法很简单，可以使用【色板】和【颜色】面板来完成。使用【色板】面板修改渐变颜色具体操作如下：

首先打开【色板】面板，然后在面板中拖动需要的颜色到【渐变】面板到相关的色标上，此时鼠标将变成![icon]，释放鼠标即可修改渐变的颜色。同样的方法可以修改其他色标的颜色（图7-18）。

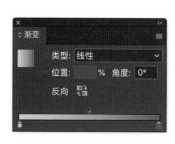
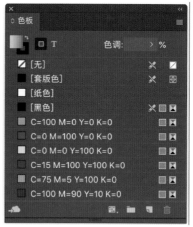

图7-18　使用【色板】面板修改渐变色颜色

> 提示：①使用【色板】面板修改渐变的颜色需要注意，拖动到色标上时，容易出现添加色标的情况，所以只要了解这种方法即可，不赞成使用该方法修改渐变颜色。
> ②使用【颜色】面板修改渐变颜色：首先选择【窗口】|【颜色】命令，打开【颜色】面板，单击选择要修改的色标，可以看到与之相对应的【颜色】面板自动处于激活状态，此时可以在【颜色】面板中拖动滑块或修改数值来修改需要的颜色，即可修改该色标的颜色。同样的方法可以修改其他色标的颜色（图7-19）。

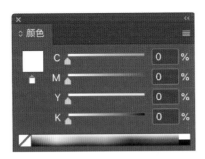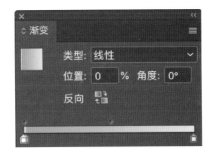

图7-19 使用【颜色】面板修改渐变颜色

> 提示：如果【颜色】面板已经处于打开的激活状态，可以直接选择【渐变】面板中的色标，然后在【颜色】
> 面板中修改颜色即可。
> 在应用渐变填充时，如果默认的渐变填充不能满足需要，可以选择【窗口】|【色板库】|【渐变】命
> 令，然后选择子菜单中的渐变选项，可以打开更多的预设渐变，以供不同需要使用。

（6）添加、删除色标

用户可根据自己的需要在【渐变】面板中添加或删除色标，以创建需要的渐变效果。

①添加色标：将光标移动到【渐变】面板底部渐变色谱下方的空白位置，单击鼠标即可加一个
色标，同样的位置可以在其他空白位置单击，添加更多的色标（图7-20）。

图7-20 添加色标

> 提示：添加完色标后，可以使用编辑渐变颜色的方法，修改新添加色标的颜色，以编辑需要的渐变效果。

②删除色标：如果要删除不要的色标，可以将光标移动到该色标上，然后按住鼠标向【渐变】
面板的下方拖动，当【渐变】面板中该色标的颜色显示消失时释放鼠标，即可删除（图7-21）。

> 提示：因为渐变必须具备两种或两种以上的颜色，所以在删除色标时，【渐变】面板中至少保留两个色标。
> 当只有两个色标时，就不能再删除色标了。

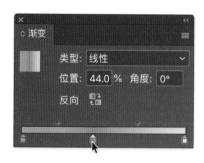 

图7-21　删除色标

4.编辑描边

描边是指图形对象的边缘路径，在默认状态下，InDesign CC的绘图工具绘制出来的就是描边效果，一般没有填充颜色。InDesign CC提供了描边的修改功能，例如描边的粗细、斜接限制、对齐描边和描边类型等。

图7-22　描边面板

（1）【描边】面板

除了使用颜色对描边进行填色外，还可以使用【描边】面板设置描边的其他属性，如描边的粗细、斜接限制、对齐描边和描边类型等。选择【窗口】｜【描边】，即可打开描边面板（图7-22）。

> 提示：单击工具箱下方的【描边】![按钮]，可以指定所选对象的描边颜色。按快捷键X，可以快速切换【填充】和【描边】按钮的位置；按快捷键Shift+X，可以互换填充和描边颜色。单击工具箱下方的【应用无】![按钮]按钮，可取消描边。

（2）设置描边的粗细

在【描边】面板中通过【粗细】选项可以设置线条的粗细，即线条的宽度大小，值越大，线条越粗；值越小，线条越细；当值为0时，表示没有描边。选择要设置粗细的图形对象后，在【粗细】右侧的文本框中输入一个数值，或者直接从下拉菜单中选择一个宽度值，即可修改线条的粗细（图7-23）。

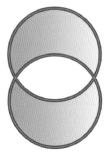

图7-23　不同粗细值的描边效果

（3）设置线条的端点

线条的端点设置描边路径的端点形状，分为【平头端点】 、【圆头端点】 和【投射末端】 三种。平头端点与路径的端点对齐；圆头端点与投射末端都将超出路径端点一般的宽度，不同的是圆头和平头之分；投射末端有时也叫平头端点。要设置描边路径的端点，首先要设置端点的路径，然后单击需要的端点按钮即可（图7-24）。

（4）线条的斜接限制

斜接限制设置路径转角的连接效果，可以通过数值来控制，也可以直接单击右侧的【斜接连接】 、【圆角连接】 和【斜面连接】 来修改。要设置图形的转角连接效果，首先选择要设置转角的路径，然后单击需要的连接按钮即可（图7-25）。

（5）描边的对齐操作

【对齐描边】设置填色与路径之间的相对位置，包括【描边对齐中心】 、【描边居内】 和【描边居外】 三个选项。选择要设置对齐描边的路径，然后单击需要的对齐按钮即可（图7-26）。

图7-24　不同端点的路径显示效果　　　　　　　　图7-25　不同连接效果

图7-26　不同的描边对齐效果

（6）编辑线条的类型

在【描边】面板【类型】右侧的下拉菜单中可以选择不同的线型。设置的方法相当简单，只要选择要修改类型的线条，然后在下拉菜单中选择需要的类型即可（图7-27）。

（7）修改线条的起始处和结束处

在【描边】面板中【起始处】和【结束处】选项用来控制线条的起点与终点的类型（图7-28）。

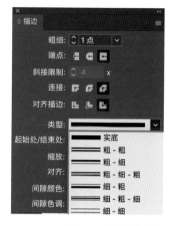

图7-27　类型下拉菜单

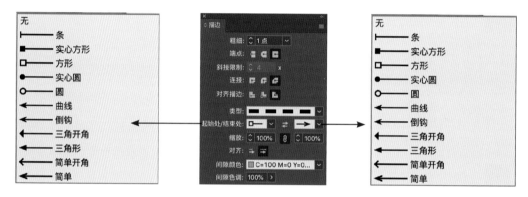

图7-28　起始处/结束处下拉菜单效果

要设置线条路径的起始处和结束处效果，在页面中选择要设置起始处和结束处的路径，然后在【起始处】下拉菜单中选择一个需要的样式，如【方形】；在【结束处】下拉菜单中选择一个需要的样式，如【倒钩】，即可修改路径的起点和终点样式（图7-29）。

> 提示：路径的起始处和结束处是根据绘制的顺序自动生成的，一般开始绘制的为起点，最后绘制的为终点。如果想修改路径的起始处和结束处，可以选择【对象】|【路径】|【反转路径】命令，即可将起点和终点进行反转。

（8）间隙颜色与间隙色调

在【描边】面板中，当线条为虚线、斜线、点线、空心菱形或圆点时，可以通过【间隙颜色】调整颜色的色调。

在【描边】面板【类型】下拉菜单中选择一个线型，如【虚线】；在【间隙颜色】右侧的下拉菜单中选择一种颜色，并调节【间隙颜色】的值，即可创建出间隙颜色与间隙效果（图7-30）。

> 提示：色调是指当前颜色的原色层次，即当前颜色的不同深浅显示效果。比如红色，利用色调可以调整颜色的深浅显示。但需要注意的是，色调只能将当前的颜色调整得更浅，而不能加深当前颜色。

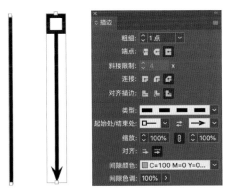
图7-29 起始处/结束处下拉菜单效果

图7-30 间隙颜色与间隙色调设置效果

5.色板面板

【色板】面板主要用来存放颜色，包括颜色、渐变和图案等。【色板】使图形填充和描边变得更加方便。选择【窗口】|【色板】命令，即可打开【色板】面板（图7-31）。

图7-31 【色板】面板

单击【色板】右上角的 ▤ 按钮，可以弹出【色板】面板菜单。利用相关的菜单命令可以对【色板】进行更加详细的设置。

可以使用【色板】面板创建和命名颜色、渐变或色调，并将它们快速应用于文档。色板类似于段落样式和字符样式，对色板所做的任何更改都将影响应用该色板的所有对象。使用色板时无须定位和调节每个单独的对象，这使得修改颜色方案变得更加容易。

（1）【色板】面板概述

默认的【色板】面板中显示了6种CMYK定义的颜色：青色、洋红色、黄色、红色、绿色和蓝色。

【色调】滑块用以指示专色或印刷色的色调。

【无】色板可以移去对象中的描边或填色，但不能编辑或移去此色板。

【纸色】色板是一种内建色板，用于模拟印刷纸张的颜色。纸色仅用于浏览，而不会在复合打印机上打印，也不会通过分色来印刷。纸色对象后面的对象绝不会在纸色对象与其重叠的地方印刷。相反，将显示印刷纸张的颜色。可以通过双击【色板】面板中的【纸色】来对其进行编辑，使其与纸张类型相匹配，但不能移去此色板。

【黑色】色板是一种内建的、使用CMYK颜色模式定义的100%印刷黑色。不能编辑或移去此色板。默认情况下，所有黑色实例都将在下层油墨（包括任意大小的文本字符）上叠印（打印在最上面）。

【套色版】色板对象可以在PostScript打印机的每个分色中进行打印的内建色板。例如，套准标记使用套版色，以便不同的印版在印刷机上精确对齐。不能编辑或移去此色板。

> 提示：不要应用【纸色】色板来清除对象中的颜色，但可以用【无】色板。

（2）新建色板

新建色板就是在【色板】面板中添加新的颜色块，创建属于自己的色板。新建色板有多种操作方法，既可以使用【颜色】面板用拖动的方法来添加色板，也可以使用【新建色板】按钮来添加色板，还可以从其他文件导入色板。

①拖动法添加色板：首先打开【颜色】面板并设置好需要的颜色，然后拖动该颜色到【色板】中，可以看到【色板】的中间产生一条黑线，并在光标的右下角出现一个"田"字形标记，释放鼠标即可将该颜色添加到【色板】中（图7-32）。

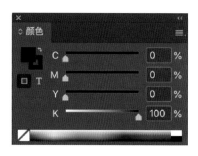

图7-32　拖动法添加颜色操作效果

②使用【新建颜色色板】命令添加色板：在【色板】面板中单击右上角的按钮，再从弹出的面板菜单中选择【新建颜色色板】命令，打开【新建颜色色板】对话框，即可创建新色板（图7-33）。

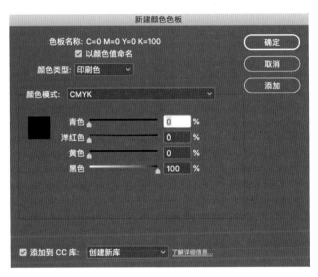

图7-33　新建颜色色板

该对话框中各个选项的使用说明如下：

【色板名称】设置新建色板的名称。默认状态下处于不可编辑状态，取消【以颜色值命名】复选框，可以将其激活。勾选【以颜色值命名】复选框。色板的名称将以当前的颜色值来命名。

【颜色类型】指定颜色的类型。可以选择印刷色或专色。

【颜色模式】指定颜色的模式。可以选择Lab、RGB、CMYK。

> 提示：【颜色模式】下拉菜单除了可以设置颜色模式外，还可以选择不同的颜色库，选择目标颜色库即可将颜色库中部分或全部色板添加到【色板】面板中。另外，还可以通过选择【其他库】命令打开其他文件中的色板，以添加色板。

【色板颜色】该区域显示当前设置的颜色，即右侧的模式中托动滑块或修改参数值设置颜色。设置完成后单击【确定】按钮或单击【添加】按钮，即可将其添加到【色板】面板中。

> 提示：单击【确定】按钮，可以确定当前设置的颜色，如果想再添加色板，需要重新打开【新建颜色色板】对话框，而使用【添加】按钮则可以将当前颜色添加到【色板】中，并不关闭【新建颜色色板】对话框，还可以继续设置颜色并添加。

③使用【新建色板】按钮添加色板：除了使用上面调整颜色的方法创建色板外，还可以根据现有的图形填充来创建色板。首先在页面中选中目标对象，然后在【色板】面板中，单击底部的【新建色板】按钮，可以以当前选择对象的颜色为基础创建一个色板（图7-34）。

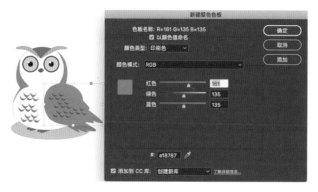

图7-34　使用【新建颜色色板】命令添加色板

> 提示：在创建色板时，还可以通过【色板】面板中的【填色】与【描边】按钮，确定以图形的填充还是描边
> 来创建色板。

（3）编辑色板

要对已有的色板进行编辑，可以双击该色板打开【色板选项】对话框，或者在选中该色板后单击【色板】面板右上角的按钮，再从打开的面板菜单中选择【色板选项】命令，打开【色板选项】对话框，即可修改当前色板的相关属性。因与前面讲述的【新建颜色色板】对话框用法相同，不再赘述。

在该对话框中，根据需要设置相应参数后，单击【确定】按钮即可完成对色板的编辑工作。在编辑混合油墨色板和混合油墨组时，还将提供附加选项。

（4）复制色板

复制色板的操作方法很简单，在【色板】面板中选择要进行复制的色板，然后将其拖动到面板底部的【新建色板】 按钮上，此时鼠标光标将显示为手形，并在右下角显示一个"田"字形的标记，释放鼠标即可复制一个色板，新色板将以原色板名称加"副本"二字进行重命名（图7-35）。

图7-35　复制色板操作效果

（5）删除色板

在【色板】面板中选择一个或多个色板，然后单击【色板】面板底部的【删除色板】按钮，也可以选择【色板】面板菜单中的【删除色板】命令，都可将选择的色板颜色删除（图7-36）。

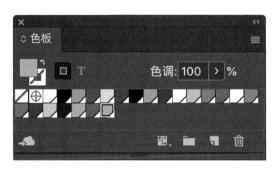

图7-36　删除色板操作效果

（6）载入和存储色板

前面讲解了多种添加色板的方法，利用【载入色板】命令可以载入其他文档中的色板。添加色板后，还可以储存该色板，以方便使用。

①载入色板

如果要载入其他文档中的色板，可以在【色板】面板菜单中选择【载入色板】命令，从【打开文件】对话框中选择要载入的文件，然后单击【打开】按钮即可。

②存储色板

如果要将色板进行储存，可以在【色板】面板菜单中选择【存储色板】命令，打开【存储为】对话框，指定储存的名称及路径后，单击【保存】按钮，即可保存色板。下次使用时，可以使用【载入色板】命令，将其载入即可。

（7）修改【色板】的显示

InDesign为用户提供了修改【色板】面板显示的方法，在【色板】面板菜单中可以选择【名称】【小字号名称】【小色板】【大色板】4种方式来显示【色板】（图7-37）。

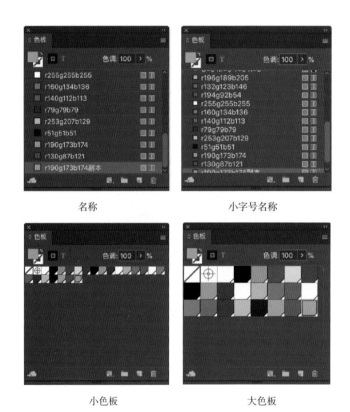

名称　　　　　　　　　　小字号名称

小色板　　　　　　　　　大色板

图7-37　【色板】4种不同的显示效果

实例演练

第八课　对象操作

1.选择对象

在绘图的过程中，需要不停地选择图形来编辑。要对出版物中的任何对象进行操作，首先必须选中对象，然后才能执行下一步操作。

（1）使用选择工具选择图形

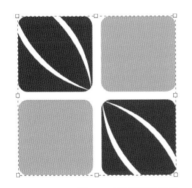

图8-1　点选图形的效果

在InDesign CC中有多种选择对象的方法。

【选择工具】用于选择和移动图形对象，它是所有工具中使用最多的一个。当选择对象后，图形将显示出路径和定界框，在定界框的四周显示8个空心的正方形，表示定界框的控制点（图8-1）。

使用【选择工具】选取图形可以分为点选和框选两种选择方法。

①点选：所谓点选就是单击选择图形。

使用【选择工具】，将光标移动到目标对象上，当光标变成时，单击鼠标，即可将目标对象选中，选中的图形将出现定界框（图8-2）。在选择时，如果当前图形只是一个路径轮廓，没有填充颜色，需要将光标移动到路径上进行点选。如果当前图形有填充，只需要单击填充位置即可将图形选中。

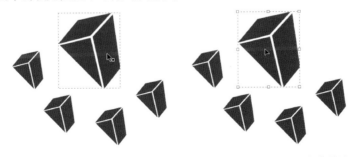

图8-2　点选图形的操作效果

提示：点选一次只能选择一个图形对象，如果想选择更多的图形对象，可以在选择时按住Shift键，以增加更多的选择对象。如果选择了多个图形对象，想取消某个图形的选择，也可以按住Shift键，单击要取消选择的图形，即可取消选中状态。

②框选：通过拖动出一个虚拟的矩形框的方法进行选择。

使用【选择工具】在适当的空白位置按住鼠标拖动出一个虚拟的矩形框，到达满意的位置后释放鼠标，即可将图形对象选中。在框选图形对象时，不管图形对象是部分与矩形框接触相交，还是全部在矩形框内，都将被选中（图8-3）。

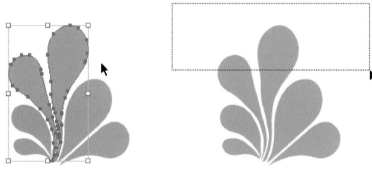

图8-3 框选图形的操作效果

提示：如果要取消图形对象的选择，在页面任意空白区域单击鼠标即可。

（2）使用直接选择工具选择锚点

【直接选择工具】与【选择工具】在用法上基本相同，但【直接选择工具】主要用来选择和调整图形对象的锚点、曲线控制柄和路径线段。

【直接选择工具】在选择图形对象时，光标显示不同，选择的图形对象也不同。利用【直接选择工具】单击可以选择图形对象上的一个或多个锚点，也可以直接选择一个图形对象，还可以激活整个路径，以进行路径的编辑。

①选择一个或多个锚点。选择【直接选择工具】，将光标移动到图形对象的锚点位置，此时在光标的右下角将出现一个空心的正方形图标，单击鼠标即可选择该锚点。选中的锚点则显示为实色填充的矩形效果，而没有选中的锚点则显示为空心的矩形效果。选中的锚点处于激活状态，这样可以清楚地看到各个锚点和部分控制柄，有利于编辑修改。如果想选择更多的锚点，可以按住Shift键继续单击（图8-4）。

提示：【直接选择工具】也可以应用点选和框选，其用法与【选择工具】选取图形对象的操作方法相同。

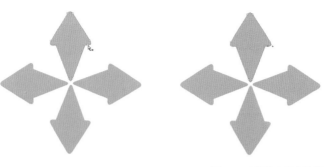

图8-4　选择单个锚点效果

②选择整个图形。选择【直接选择工具】，将光标移动到图形对象的填充位置，光标变为 ⬚，，此时单击鼠标，即可将整个图形选中（图8-5）。

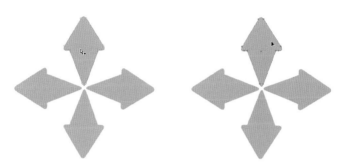

图8-5　选择整个图形锚点

提示：这种方法只适合用于选择带有填充颜色的图形对象，没有填充颜色的图形对象则不能利用该方法选择整个图形。

③激活路径。要对路径上的锚点进行编辑修改，首先需要激活锚点。可以选择【直接选择工具】▶，将光标移动到图形对象的边缘位置，光标变为 ▶ ，此时单击鼠标选择的不是整个图形对象的锚点，而是将整个图形对象的锚点激活，显示出没有选中状态下的锚点和控制柄效果，激活路径后方便选择锚点并进行编辑（图8-6）。

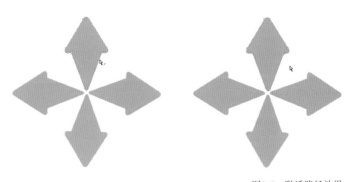

图8-6　激活路径效果

（3）使用菜单命令选择图形

选择【对象】|【选择】命令，然后在其子菜单中（图8-7）选择相应的命令，即可完成对图形的选择。

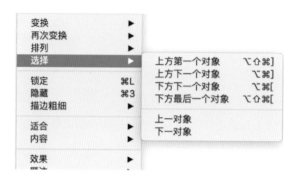

图8-7　【选择】命令子菜单

【选择】命令子菜单中的相关命令。

【上方第一个对象】即可选择当前选中对象上方的第一个对象。

【上方下一个对象】即可选择当前选中对象上方的下一个对象。

【下方下一个对象】即可选择当前选中对象下方的下一个对象。

【下方最后一个对象】即可选择当前选中对象下方的最后一个对象。

【容器】将选择贴入图形的容器，即贴入的框。

【内容】将选择贴入的图形对象。

【上一对象】即可选择当前选中对象的上一个对象。与【上方下一对象】命令正好相反。

【下一对象】即可选择当前选中对象的下一个对象。与【下方下一对象】命令正好相反。

> 提示：按［Alt+Shift+Ctrl+］组合键，可以快速选择上方第一个对象；
>
> 　　　按［Alt+Ctrl+］组合键，可以快速选择上方下一个对象；
>
> 　　　按［Alt+Ctrl+］组合键，可以快速选择下方下一个对象；
>
> 　　　按［Alt+Shift+Ctrl+］组合键，可以快速选择下方最后一个对象。

另外，除了利用【对象】|【选择】子菜单中的命令选择对象，还可以选择【编辑】|【全选】命令，选取页面中的所有对象。

> 提示：按［Ctrl+A］组合键，可以快速应用【全选】命令。

2.移动图形

对图形的编辑、变换，最简单的就是移动图形对象。选择图形对象后，使用相关的工具或命令，即可对其进行移动。

（1）使用工具移动图形

在InDesign CC中，有许多工具都可以移动图形，如【选择】、【直接选择】工具、【位置】工具和【自由变换】等工具，使用的方法基本相同，而最常用的移动工具是【选择】工具。

在要移动的图形对象上按住鼠标拖动，此时可以看到一个虚框显示移动的图形效果，到达满意的位置后释放鼠标，即可移动图形对象的位置（图8-8）。

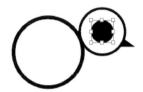

图8-8　移动图形位置效果

（2）使用【变换】面板精确移动图形

使用【选择】工具可以随意移动图形对象，在操作上要方便很多，但很难精确地移动图形对象。而利用【变换】面板，则可以使用精确的数值来移动图形对象。

选择【窗口】|【对象和版面】|【变换】命令，打开【变换】面板（图8-9）。利用【变换】面板可以水平或垂直精确移动图形对象。

【变换】面板中的移动参数介绍如下。

X：当前选择图形对象的水平坐标值。如果想水平移动选中的图形对象，修改该值即可。输入的值大于当前值时，图形对象向右移动；小于当前值时，图形对象向左移动。

Y：当前选择图形对象的垂直坐标值。如果想垂直移动选中的图形对象，修改该值即可。输入的值大于当前值时，图形对象向下移动；小于当前值时，图形对象向上移动。

参考点：辅助移动的参考点。共9个参考点，分别对应图形的中心点和变换框的8个控制点，通过单击可以切换不同的参考点。在移动、缩放、旋转和倾斜图形对象时相当有用，可以通过选择不同的参考点来操作。

要使用【变换】面板移动图形对象，首先选择图形对象，此时可以从【变换】面板中看到当前图形对象的水平与垂直的坐标值，输入一个新的坐标值，比如修改X轴的值为140毫米，按Enter键，即可看到图形的移动效果。这里将水平图形向右移动了42毫米（图8-10）。

图8-9　【变换】面板　　　　图8-10　移动图形X轴数值

（3）使用【移动】命令精确移动图形

图8-11 【移动】对话框

使用【选择工具】不能精确移动，使用【变换】面板虽然可以精确移动，但对于角度和距离的控制又有所欠缺，而使用【移动】命令，则可以很好地解决这些问题。

选择【对象】|【变换】|【移动】命令，打开【移动】对话框（图8-11）。通过该对话框，不但可以水平或垂直移动，还可以指定移动的距离和角度。

提示：按［Shift+Ctrl+M］组合键，可以快速打开【移动】对话框。

【移动】对话框中相关的参数说明介绍如下：

【水平】指定水平移动的距离，与【变换】面板中的X轴用法相同。

【垂直】指定垂直移动的距离，与【变换】面板中的Y轴用法相同。

【距离】指定图形对象移动的距离，可以是水平距离或垂直距离，也可以指有一定距离的斜角距离。

【角度】指定移动的角度。

例如，要将一个图形对象沿10°移动12毫米的操作方法如下：

步骤1：在页面中单击选择要移动的图形对象，然后选择【对象】|【变换】|【移动】命令，打开【移动】对话框中参数为默认设置。

步骤2：在【角度】右侧的文本框中，输入10°，在【距离】右侧的文本框中，输入12毫米，勾选【预览】复选框，在页面中可以看到图形对象移动后的效果，单击【确定】按钮即可完成移动（图8-12）。

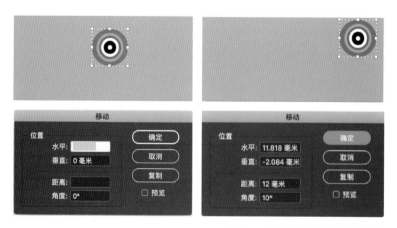

图8-12 【移动】命令移动图形对象

提示：除了使用上面讲解的移动图形对象的方法移动图形对象外，还可以使用控制栏移动图形对象，它的使用与【变换】面板相同（图8-13）。

图8-13　控制栏

3.复制图形

在进行图形制作时，有时需要同一图形对象的多个相同副本，这时就需要应用到复制操作，InDesign CC提供了很多的复制方法，除了常用的剪切、复制、粘贴命令以外，还提供了直接复制和多重复制等功能。

（1）直接拖动复制图形

直接拖动复制是最常用的一种复制方法，它不但操作方便、直观，而且易于掌握，基本上所有的设计软件都支持这种做法。

选择要复制的图形对象，然后将光标移动到图形对象上，按住Alt键，此时光标将变成 状，拖动图形对象到合适的位置后，先释放鼠标然后释放Alt键，即可复制一个图形对象（图8-14）。

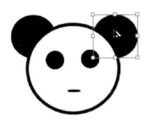 

图8-14　直接拖动复制图形效果

> 提示：在移动或复制图形时，按住Shift键可以沿水平、垂直或呈45°倍数的方向移动或复制图形对象。
>
> 利用直接复制图形对象后，如果想按原来拖动的方向和距离再次复制图形对象，可以选择【编辑】|【直接复制】命令，或按Alt+Shift+Ctrl+D组合键，直接复制图形对象，多次应用该命令可以按相同的方式复制出更多的图形对象。

（2）原位粘贴图形

原位粘贴就是将图形对象粘贴到原图形对象的位置，让其保持重合状态。一般使用原位粘贴都要和其他的变换命令相结合，如与【变换】面板或控制栏中的参考点相结合来使用。

步骤1：在页面中选择要进行原位粘贴的图形对象，然后按住Ctrl+C组合键，将图形复制。

步骤2：选择【编辑】|【原位粘贴】命令，将原图粘贴一个副本（因为是原位粘贴，副本与原图是重合的状态，所以原图看不出有什么变化）。

步骤3：在控制栏中单击左侧中间的参考点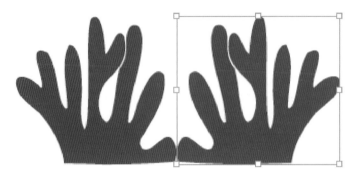，将参考点设置到左侧中心的位置，然后选择【对象】|【变换】|【水平翻转】命令，将副本进行水平翻转（图8-15）。

图8-15　水平翻转图形的效果

（3）利用多重复制快速复制图形

多重复制可以在水平、垂直或一定角度上按照一定的距离复制出多个图形副本，是比较常用的一个复制命令，一般用来制作图案填充效果。选择【编辑】|【多重复制】命令，打开【多重复制】对话框（图8-16）。

图8-16　【多重复制】对话框

选择要多重复制的图形对象，打开【多重复制】对话框，更改【计数】，在右侧的对话框中输入5，【垂直】右侧的文本框输入0毫米，【水平】右侧的文本框输入10毫米，然后点击确认，即可多重复制该图形（图8-17）。

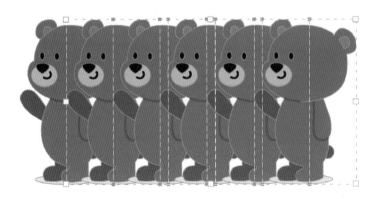

图8-17　多重复制图形对象效果

提示：按Alt+Ctrl+U组合键，可以快速打开【多重复制】对话框。

【多重复制】对话框各选项含义说明如下：

【计数】指定复制图形对象的数量（不包括原图形）。值越大，复制的图形对象就越多。

【创建为网格】勾选该复选框，【计数】选项位置将变为【行】和【列】，通过指定行数和列数，并配合位移，可以创建基于平面的多行多列图形。

【垂直】指定垂直移动复制的距离。输入的值大于当前值时，图形对象向下移动，小于当前值时，图形对象向上移动。

【水平】指定水平移动复制的距离。输入的值大于当前值时，图形对象向右移动，小于当前值时，图形对象向左移动。

提示：要创建填满副本的页面，首先使用【多重复制】将【垂直】或【水平】设置为0，创建一列或一行副本；然后选择整行或整列，并使用【多重复制】将【水平】或【垂直】设置为0，将沿着该页面重复该行或列。

（4）利用拖动多重复制图形

Alt键+拖动可以复制图形，配合其他一些辅助键，则可以进行多重复制。

步骤1：选择一个图形。

步骤2：使用【选择】工具，按住Alt键并拖动进行复制。

步骤3：释放Alt键，在不释放鼠标的同时，按左方向键或右方向键，可以更改复制的栏数；按向上方向键或向下方向键可以更改行数。此时拖动鼠标可以指定网格的大小。

步骤4：释放鼠标，完成多重复制。

（5）进阶提高：利用【多重复制】命令快速复制图形

多重复制

下面通过【多重复制】命令复制图案来讲解【多重复制】命令的使用方法。

步骤1：选择【文件】|【打开】命令，打开【打开文件】对话框。选择二维码中的"素材多重复制"

步骤2：使用【选择】工具选择页面中要复制的图形（图8-18）。然后选择【编辑】|【多重复制】命令，打开【多重复制】对话框，选中【创建为网格】复选框，设置【行】的值为8，【列】的值为4，设置【垂直】位置为14毫米，【水平】位置为38毫米（图8-19）。

图8-18　选择图形

图8-19　多重复制对话框

步骤3：设置完成后，单机【确定】按钮，即可将图形复制8行4列（图8-20）。

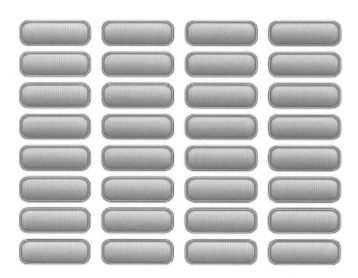

图8-20　多重复制效果

4.变换对象

InDesign CC提供了许多缩放图形对象的方法，如最常用的【移动工具】进行拖动缩放，另外还有很多缩放方法，如使用【选择工具】、【自由变换工具】、【变换】面板、控制栏、【缩放】命令和【缩放工具】等进行缩放。

（1）缩放图形

①使用【选择工具】缩放图形

【选择工具】不仅可以选择图形对象，还可以缩放图形对象，因为这种方法比较直观、简单，所以是最常用的一种缩放图形的方法。

提示：在缩放图形对象时，还可以使用【自由变换工具】对图形对象进行缩放，操作方法与【选择工具】基本相同。

首先选择要缩放的图形对象，此时图形对象将显示出一个变换框，将光标移动到变换框的任意一个控制点上，变为 、 、 或 时，按住鼠标向外或向内拖动，即可调整图形的大小（图8-21）。

提示：在调整图形对象的大小时，按住Shift键可以等比缩放图形对象。

②使用【缩放】命令缩放图形。

除了使用【选择工具】和【自由变换工具】进行自由缩放图形外，还可以应用【缩放】命

图8-21　将图形放大的操作过程

令来精确缩放图形对象。

　　首先在页面中选择要缩放的图形对象，然后选择【对象】|【变换】|【缩放】命令，打开【缩放】对话框（图8-22）。

图8-22　缩放对话框

　　【缩放】对话框中各选项的含义说明如下：

　　【X缩放】指定水平的缩放值。输入的值大于100%，图形水平放大；输入的值小于100%，图形水平缩小。

　　【Y缩放】指定垂直的缩放值。输入的值大于100%，图形垂直放大；输入的值小于100%，图形垂直缩小。

　　【约束缩放比例】该按钮控制等比缩放。单击该按钮，按钮变成时，表示等比缩放，即水平与垂直等比缩放；当按钮变为时，表示不等比例缩放。

　　【副本】单击该按钮，图形将按照缩放参数设置自动复制出一个副本。

　　提示：在设置【X缩放】和【Y缩放】值时，如果输入的值为负值，则图形将出现水平或垂直的翻转效果。

　　③进阶提高：使用【缩放】命令缩放图形。

　　下面通过实例讲解【缩放】命令进行图形缩放的方法。

　　步骤1：选择【文件】|【打开文件】对话框，选择需要的文件。

　　步骤2：使用【选择工具】选择页面中要缩放的图形，如图中要缩放的图形所示。然后选择【对象】|【变换】|【缩放】命令，打开【缩放】对话框。

　　步骤3：如果要等比例缩放，确认【约束缩放比例】按钮为状态，然后在【X缩放】或【Y缩放】右侧的文本框中输入一个数值，如输入60%，勾选【预览】复选框，即可看到缩放图形后的效果，满意后单击【确定】按钮，完成缩放（图8-23）。

　　④使用【缩放工具】缩放图形。

　　使用【缩放工具】缩放图形，可以自由地设置缩放的参考点，而且较为直观，但在实际应用中并不多。

　　步骤1：在【工具箱】中选择【缩放工具】，在需要缩放的图形上单击鼠标将其选中，此时可以看到图形的变换框，并且显示出参考点，即中心点。

图8-23 使用【缩放】命令缩放图形

步骤2：此时光标将变为 -¦- 状，将光标移动到要设置参考点的位置，光标将呈 ▶ 状，此时按住鼠标拖动即可调整参考点的位置；按住鼠标向外或向内拖动，即可放大或缩小图形对象（图8-24）。

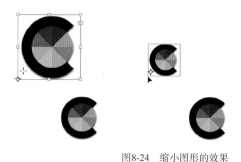

图8-24 缩小图形的效果

> 提示：选择图形对象后，双击【工具箱】中的【缩放工具】 ，可以打开【缩放】对话框，对图形进行缩放。该对话框与选择【对象】|【变换】|【缩放】命令打开的【缩放】对话框相同。

（2）旋转图形

对图形对象进行操作时，有时需要旋转图形对象。在InDesign CC中，可以通过多种方法来旋转图形对象，如使用【自由变换工具】 、【旋转工具】 、【变换】面板、控制栏和【旋转】命令来旋转图形对象。

①使用【自由变换工具】旋转图形。

在前面讲过使用【自由变换工具】 缩放图形对象的方法，其实这个工具还可以对图形对象进行旋转操作。

首先选择要旋转的图形对象，将光标移动到变换框的任意一个控制点外面，当光标变为 ↻、↶、↱、↳、↲、↴、↰、↵ 或 ↻ 状时，按住鼠标拖动，旋转到合适的位置后释放鼠标，即可将图形旋转一定的角度（图8-25）。

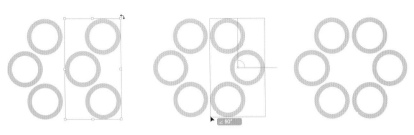

图8-25　旋转图形的效果

> 提示：在旋转图形时，按住Shift键拖动变换框，可以将图形呈45°倍数进行旋转。

②使用【旋转工具】旋转图形。

使用【自由变换工具】旋转图形对象时，图形对象是沿着默认的图形中心点来旋转，而使用【旋转工具】 旋转图形，则可以设置旋转的中心点。

步骤1：在【工具箱】中选择【旋转工具】 ，然后在要进行旋转的图形对象上单击鼠标，将其选中，此时将出现一个变换框，并在变换框的中心位置显示出旋转的中心点。

步骤2：光标变成 -¦- 状，将光标移动到要设置参考点的位置，光标将呈 ▶ 状，此时按住鼠标拖动，即可调整中心点的位置，然后按住鼠标拖动，即可旋转图形对象（图8-26）。

图8-26　旋转图形对象的操作效果

> 提示：双击【旋转工具】 按钮，可以打开【旋转】对话框，对图形对象进行旋转。默认情况下旋转的中心点为变换框的对角线交点，如果想设置旋转中心点，可以先使用【旋转工具】 设置旋转中心点，然后再双击打开【旋转】对话框进行旋转。同样，选择【对象】|【变换】|【旋转】命令，打开【旋转】对话框，也可以对图形对象进行旋转，其操作方法与双击【旋转工具】打开的【旋转】对话框是一致的。

（3）切变、扭曲图形

切变就是将图形对象沿指定的水平或垂直轴作倾斜处理，一般用来模拟对象的透视效果，常用在制作倾斜文本或图形投影中。

①使用【切变工具】扭曲图形。

使用【切变工具】可以非常直观地对图形对象进行倾斜切变，操作方法非常简单。首先在【工具箱】中选择【切变工具】，然后选择要倾斜变形的图形对象。此时光标将变成 ┴ 状，将光标移动到参考点的位置，光标将呈 ▲ 状，此时按住鼠标拖动，即可调整中心点的位置。例如，将中心点的位置调整到中心位置上，确定倾斜的参考点，然后按住鼠标拖动到合适的位置，释放鼠标即可（图8-27）。

图8-27　利用切变工具倾斜变形图形对象

②使用【切变】命令扭曲图形。

使用【切变工具】倾斜变形图形对象时虽然直观，但并不精确。选择【对象】|【变换】|【切变】命令，打开【切变】对话框，则可以精确地变形图形对象。

【切变】对话框各选项含义说明如下：

【切变角度】指定图形倾斜变形的角度大小。

【水平】选中该单选按钮，将在水平方向上倾斜变形图形对象。

【垂直】选中该单选按钮，将在垂直方向上倾斜变形图形对象。

【复制】单击该按钮，将产生一个副本，并对副本应用倾斜变形。

切变命令

提示：在【工具箱】中双击【切变工具】，也可以打开【切变】对话框。

③进阶提高：使用【切变】命令扭曲图形。

下面通过实例讲解使用【切变】命令倾斜变形图形对象的方法。

步骤1：选择【文件】|【打开】命令，打开【打开文件】对话框，选择配套光盘中的"调用素材/第6单元/切变命令.indd"。

步骤2：在页面中选中要进行倾斜变形的图形对象，选择【对象】|【变换】|【切变】命令，或者双击【工具箱】中的【切变工具】，打开【切变】对话框。

提示：默认情况下，图形对象以默认的图形中心点为参考点来变形图形，如果想更改参考点，可以首先使用控制栏调整参考点，然后再应用【切变】命令。

步骤3：设置【切变角度】为30°，在【轴】选项组中选中【水平】单选按钮，将其沿水平方向倾斜变形。设置完成后，单击【确定】按钮，即可完成切变（图8-28）。

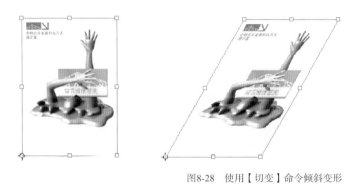

图8-28　使用【切变】命令倾斜变形

提示：倾斜图形对象，还可以使用控制栏进行切变操作，还可以设置参考点（图8-29）。

图8-29　控制栏

（4）镜像图形

镜像图形对象就是水平或垂直翻转图形，使其产生镜像效果。使用【选择工具】或【缩放工具】通过拖动可以制作出镜像效果，但容易使图形变形，不太容易控制。下面来讲解利用菜单命令、控制栏和【变换】面板菜单命令镜像图形的方法。

①使用菜单命令镜像图形

在页面中选择要进行镜像的图形对象，然后选择【对象】|【变换】|【水平翻转】命令，即可将图形进行水平翻转；选择【垂直翻转】命令，即可将图形对象进行垂直翻转（图8-30）。

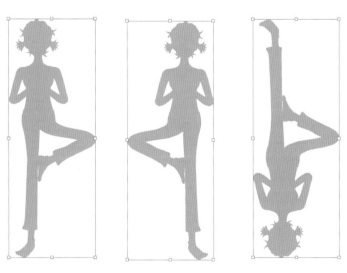

图8-30　原图、水平翻转和垂直翻转后的效果

提示：使用【水平翻转】和【垂直翻转】命令时，图形将沿默认的中心点作为参考点来进行翻转，如果想改变其参考点，可以在使用菜单命令前进行修改。

②使用控制栏镜像图形

使用控制栏镜像图形在操作上更加简单、直观。首先设置图形的参考点，然后单击【水平翻转】按钮，可以将图形对象进行水平翻转；单击【垂直翻转】 按钮，可以将图形对象进行垂直翻转（图8-31）。

图8-31　控制栏

参考点在镜像时也非常实用，如将参考点设置在右侧中心位置 ，然后单击【水平翻转】 按钮，可以将图形对象以右侧中心为轴进行水平翻转；将参考点设置在底部中心位置 ，然后单击【垂直翻转】 按钮，可以将图形对象以底边中心为轴进行垂直翻转（图8-32）。

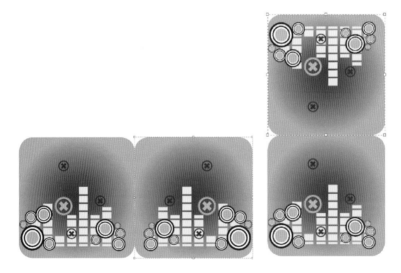

图8-32　水平和垂直翻转图形效果

5.对齐和分布对象

在制作图形过程中经常需要将图形对齐，在前面的单元节中介绍了参考线和网格的应用，它们能够准确确定对象的绝对定位，但是对于大量图形的对齐与分布来说，应用就相对麻烦。InDesign CC提供了【对齐】面板，利用该面板中的相关命令，可以轻松完成图形的对齐与分布处理。

要使用【对齐】面板，可以选择【窗口】|【对象和版面】|【对齐】命令，打开【对齐】面板。如果想显示更多的对齐选项，可以在【对齐】面板菜单中选择【显示选项】命令，将【对齐】面板中的其他选项全部显示出来（图8-33）。

图8-33　【对齐】面板

> 提示：按Shift+F7组合键，可以快速打开【对齐】面板。

（1）对齐图形对象

对齐图形对象主要用来设置图形的对齐，包括【左对齐】、【水平居中对齐】、【右对齐】、【顶对齐】、【垂直居中对齐】和【底对齐】6种对齐方式。对齐命令一般至少需要两个对象才可以使用。

在页面中选择要进行对齐操作的多个图形对象，然后在【对齐】面板中单击需要对齐的按钮即可将图形对齐（图8-34）。

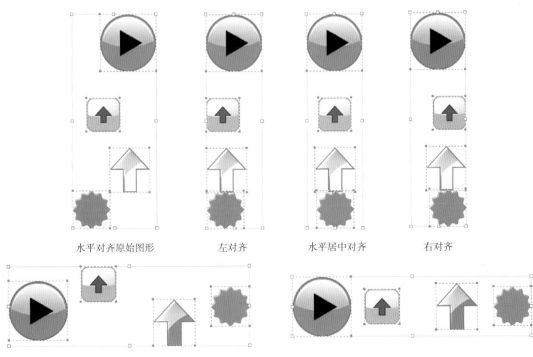

水平对齐原始图形　　　　左对齐　　　　水平居中对齐　　　　右对齐

垂直对齐原始图形　　　　　　　　　　垂直居中对齐

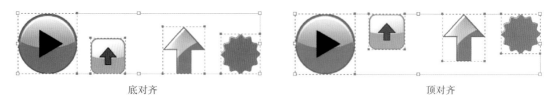

底对齐   顶对齐

图8-34   各种对齐效果

（2）分布图形对象

分布对齐主要用来设置图形的分布，以确定图形按指定的位置进行分布。其包括【按顶分布】、【垂直居中分布】、【按底分布】、【按左分布】、【水平居中分布】和【按右分布】。分布命令一般至少需要3个对象才可以使用。

在页面中选择要进行分布操作的多个图形对象，然后在【对齐】面板中单击需要分布的按钮即可将图形分布处理（图8-35）。

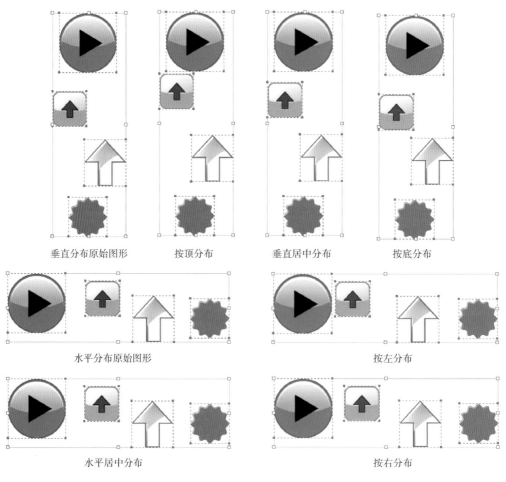

垂直分布原始图形   按顶分布   垂直居中分布   按底分布

水平分布原始图形   按左分布

水平居中分布   按右分布

图8-35   各种分布效果

提示：在应用分布对象命令时，要保证没有勾选【使用间距】复选框，否则将按默认的间距分布图形对象。
如果想让图形按指定的间距分布，可以勾选【使用间距】复选框，并在【使用间距】右侧的文本框中
输入一个数值，然后再单击相关的分布按钮，可以让图形按指定的间距和基准图形进行分布。在分布
图形时，还可以通过对齐设置，指定按选区、边距、页面或跨页分布。

（3）分布图形间距

分布间距与分布对象命令的使用方法相同，只是分布的依据不同。分布间距主要是对图形间
的间距进行分布对齐，包括【垂直分布间距】和【水平分布间距】。下面以【水平分布间
距】为例讲解分布间距的应用方法：分布间距的方法有自动法和指定法两种。

①自动法：在页面中选择要进行分布操作的多个图形对象，然后在【对齐】面板中确定【使用
间距】复选框为取消勾选状态；最后单击【水平分布间距】按钮，图形将按照平均的间距进行
分布（图8-36）。

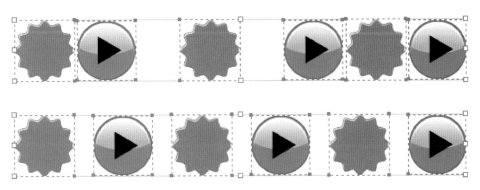

图8-36 自动法分布的前后效果

②指定法：自行指定一个间距，让图形按指定的间距进行分布。

在页面中选择要进行分布操作的图形对象，然后在【对齐】面板中勾选【使用间距】复选框并
在【使用间距】右侧的文本框中输入一个数值，如20mm，最后单击【水平分布间距】按钮，将
以20mm为分布间距分布图形（图8-37）。

提示：自动法和指定法不但可以应用在【分布间距】组命令中，还可以应用在【分布对象】组命令中，操作
的方法是一样的。在分布图形时，还可以通过对齐设置指定按选区、边距、页面或跨页分布。

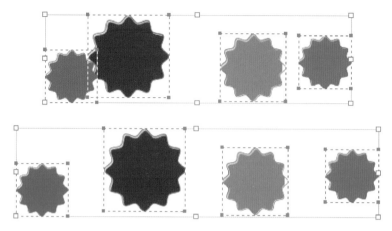

图8-37 指定法分布的前后效果

（4）参照对齐

在【对齐】面板中，对齐参照有4个命令：【对齐选区】、【对齐边距】、【对齐页面】和【对齐跨页】，通过不同的设置将产生不同的对齐效果。下面以对面页面和【按左分布】██按钮为例讲解参照对齐的不同使用方法（图8-38）。

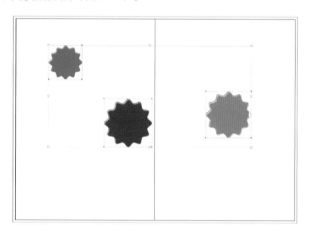

图8-38 原始图形对象效果

【对齐选区】是指所有选择的图形对象范围内进行对齐。这种方法与页面、边距和跨页无关。选择要对齐的图形对象，设置对齐参照为【对齐选区】，然后单击【对齐】面板中的【按左分布】██按钮，图形对象将以选择的范围为参照进行分布（图8-39）。

【对齐边距】是指所有选择的图形对象相对于页边距进行对齐。选择要对齐的图形对象，设置对齐参照为【对齐边距】，然后单击【对齐】面板中的【按左分布】██按钮，图形对象将以页边距为参照进行分布（图8-40）。

【对齐页面】是指所有选择的图形对象相对于页面进行对齐。选择要对齐的图形对象，设置对齐参照为【对齐页面】，然后单击【对齐】面板中的【按左分布】██按钮，图形对象将以页面为

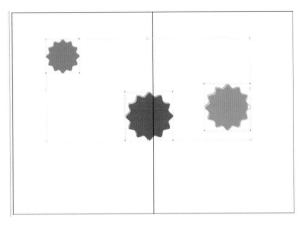

图8-39 对齐选区分布效果

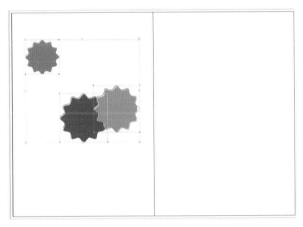

图8-40 对齐边距分布效果

参照进行分布（图8-41）。

【对齐跨页】是指所有选择的图形对象相对于跨页进行对齐。选择要对齐的图形对象，设置对齐参照为【对齐跨页】，然后单击【对齐】面板中的【按左分布】██按钮，图形对象将以跨页为参照进行分布（图8-42）。

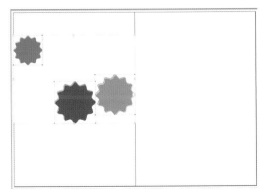

图8-41 对齐页面分布效果

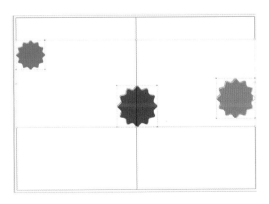

图8-42 对齐跨页分布效果

6.编组与锁定

在处理图形的过程中，需要对多个图形对象进行操作，但是有时会出现误操作，这时可以将这些图形对象绑在一起做成一个组合，这就是编组。而在移动图形对象时，本来不希望移动的图形往往容易被移动，这时就可以将其锁定，以避免误操作。使用编组与锁定命令来配合处理，可以使操作更加精准。

（1）图形编组

在处理图形的过程中，有时不仅仅是想对某个图形对象进行处理，而是希望对每个图形对象做整体处理，比如对多个图形对象组成的一个标志图形进行移动，为了操作方便，可以将这些图形对象进行编组。

①创建编组

选择要进行编组的图形对象，选择【对象】|【编组】命令，即可将选择的图形对象进行编组（图8-43）。

图8-43　编组前后效果对比

> 提示：按Ctrl+G组合键，可以快速将选择的图形进行编组。

将多个图形对象编组以后，可以看到图形对象的变换框变成了一个大的变换框，不再是单独的个体。使用【选择工具】选择编组后的图形对象时，会发现图形对象是一个整体，而不能单独选择某一个。

如果想编辑编组后的单个图形对象，可以选择【工具箱】中的【直接选择工具】，在要选择的图形对象上单击鼠标，即可将其选中，并可以对图形对象进行缩放、移动等操作。

②多重编组

对象的组合不仅是单一的编组，还可以是对象的多重编组。例如选择几个图形对象，将其编组，然后将该编组和其他单独的图形再次选中，再次应用编组命令，即可创建多重编组。

③取消编组

如果想取消编组的图形对象，选择要取消编组的图形对象，选择【对象】|【取消编组】命令，即可取消（图8-44）。

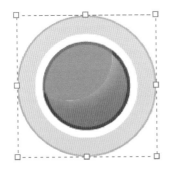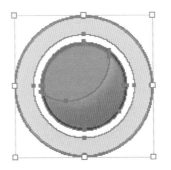

图8-44　取消编组前后效果对比

（2）图形锁定

在处理图形的过程中，有时由于图形对象过于复杂，经常会出现误操作，这时可以应用锁定命令将其锁定，以避免对其误操作。

要锁定图形对象，首先选中要锁定的图形对象，然后选择【对象】|【锁定】命令，锁定选择的图形对象。锁定的图形对象将不能再选择。

如果想取消锁定，首先选择锁定的图形对象，然后选择【对象】|【解锁跨页上的所有内容】命令，即可取消锁定。

案例演练

第九课　表格的使用

表格的基本组成部分如图9-1所示。

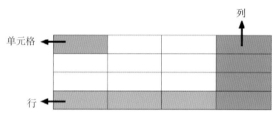

图9-1　表格各部分名称

1.表格的基本操作

表格的基本操作主要讲述了表格的创建、导入和编辑，并讲述了表格文本的编辑、表格与文本的转换以及导入图片等操作。

（1）创建表格

①插入表格：InDesign 软件提供了直接创建表格的功能，可以实现从无到有创建表格。

首先，选中工具栏中的【文字工具】 ，在页面合适位置按住鼠标左键不放，拖拽出合适的大小，释放鼠标，即得到一个文本框（图9-2）：

然后，选择【表】|【插入表】命令，打开【插入表】对话框，可以看到表格的相关设置。按住Alt+Shift+Ctrl+T组合键，可以快速打开【插入表】对话框。在【插入表】对话框中设置合适的参数，得到表格（图9-3）。

【正文行】指定表格横向行数。

【列】指定表格纵向列数。

【表头行】设置表格的表头行数。表头行不同于正文行，位于表格的最上方的位置，一般用来放置表头内容，比如表格的标题。选择表格内容时表头行不与正文行一起选择。

【表尾行】设置表格的表尾行数。与表头行一样，也是特殊的一行，位于表格的最下方。

图9-2 创建文本框   图9-3 插入表对话框

【表样式】设置表格的样式。在【表样式】下拉列表中选择表格样式。如果没有合适的样式，可以选择【新建表样式】命令，新建一个新的表样式（图9-4）。

在【插入表】对话框中设置表格参数，如正文行为5，列为6，其他保持默认，设置完成后点击【确定】按钮，即可创建表格（图9-5）。

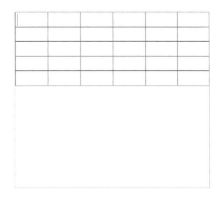

图9-4 表样式   图9-5 创建表格

②嵌套表格的创建：在现有表格内部创建新的表格。利用创建表格命令可以完成嵌套表格的创建。

首先，选择【文字工具】 ，在要创建嵌套表格的单元格中单击鼠标左键，则出现闪烁光标，即定好了嵌套表格的插入点（图9-6）。

然后，选择【表】|【插入表】命令，打开【插入表】对话框，根据需要设置嵌套表格的相关参数（图9-7）。

【插入表】参数设置完成后，点击对话框中【确定】按钮，嵌套表格创建完成（图9-8）。

（2）导入表格

InDesign CC能够很好地支持word文档表格和excel表格等软件制作的表格，将其他软件制作的

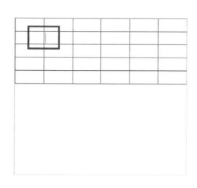

图9-6　确定插入点

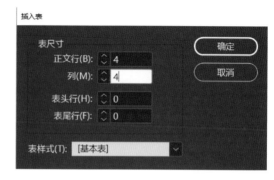

图9-7　插入表选项

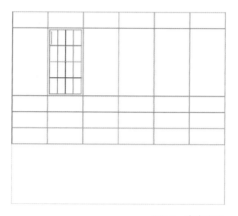

图9-8　嵌套表格

表格导入InDesign软件中，能够提高工作效率。

①使用【置入】命令导入表格。

首先，点击菜单栏【文件】|【置入】命令，弹出【置入】对话框，选择要置入的表格文件，如果想显示导入表格的选项，则勾选对话框左下角的【显示导入选项】（图9-9）。

图9-9　置入对话框

> 提示：按住Ctrl+D，可以快速打开【置入】对话框。【置入】命令对话框中，左下角还有其他三个选项，可以根据置入表格的需要，勾选对应的选项。

然后，勾选好对话框中对应的选项后，单击【确定】按钮，弹出【Microsoft word 导入选项】对话框（图9-10）。

【工作表】可以选择导入的工作表名称，如sheet1 或sheet2 等选项。

【单元格范围】输入或选择要导入单元格的范围。

【表】设置置入表格的格式。

【表样式】设置表格的样式。

其次，在该对话框中设置好置入表格的样式，点击【确定】按钮，鼠标变成置入的形状，在页面单机或者按住鼠标左键拖拽，即可置入表格（图9-11）。

②使用【粘贴】命令置入表格。

使用【粘贴】命令，可以更方便地置入表格，操作方法如下：

首先，打开要复制的表格文档，然后将需要复制的表格内容选中（图9-12）。按下【Ctrl+C】快捷键，然后进入InDesign中，按住【Ctrl+V】快捷键，即可将表格粘贴过来（图9-13）。

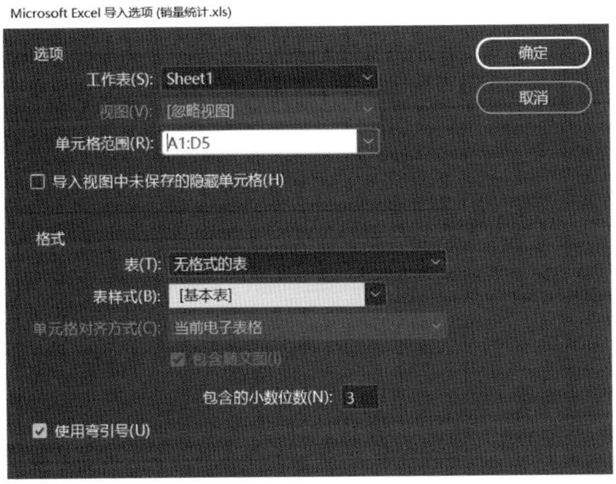

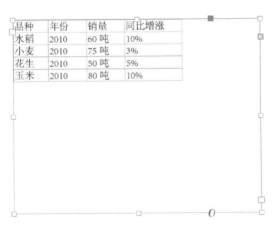

图9-10　Microsoft Word 导入选项

品种	年份	销量	同比增涨
水稻	2010	60 吨	10%
小麦	2010	75 吨	3%
花生	2010	50 吨	5%
玉米	2010	80 吨	10%

图9-11　置入的表格

品种	年份	销量	同比增涨
水稻	2010	60吨	10%
小麦	2010	75吨	3%
花生	2010	50吨	5%
玉米	2010	80吨	10%

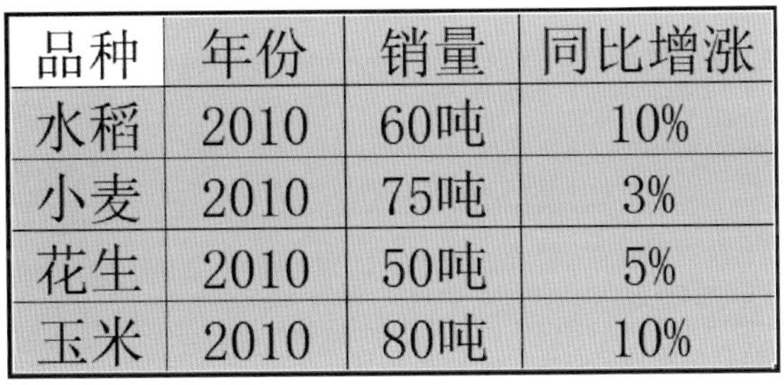

图9-12　Word文件中表格

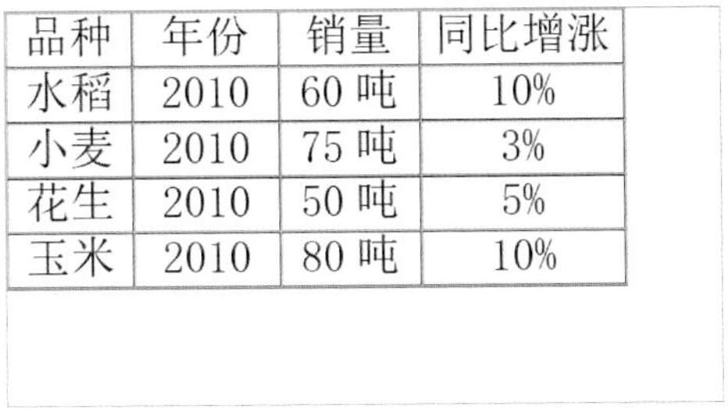

品种	年份	销量	同比增涨
水稻	2010	60 吨	10%
小麦	2010	75 吨	3%
花生	2010	50 吨	5%
玉米	2010	80 吨	10%

图9-13　置入到InDesign中表格

提示：默认情况下粘贴到InDesign中的表格显示为表格线的文本效果。如果想修改默认的粘贴效果，可以点击菜单栏【编辑】|【首选项】|【剪贴板处理】命令，打开【首选项】对话框，点击【剪贴板处理】，选中【从其他应用程序粘贴文本和表格时】选项组中的【所有信息】，再次粘贴文本或表格时将附带所有信息。

（3）表格与文本的转换

InDesign CC可以轻松地实现表格与文本之间的转换，不但可以将表格转换为文本，也可以将文本转换为表格。

①将表格转换为文本。

首先，用【文本】工具选中要转换为文本的表格，或者直接用文本工具在表格的单元格中单击，然后点击菜单栏【表】|【将表转换为文本】命令，弹出【将表转换为文本】对话框（图9-14）。

对话框中各项参数含义如下：

【列分隔符】设置转换为文本后，列内容的分隔符，包括制表符、逗号、段落和其他。所谓制表符，就是在输入文字时，在文字与文字间按下Tab键产生的符号。

【行分隔符】设置转换为文本后，行内容的分隔符，与列分隔符设置方法相同（图9-15）。

设置好列和行的分隔符后，点击【确定】按钮，即可完成表格与文本之间的转换（图9-16）。

图9-14　转换为文本对话框

图9-15　行分隔符

品种	年份	销量	同比增涨
水稻	2010	60吨	10%
小麦	2010	75吨	3%
花生	2010	50吨	5%
玉米	2010	80吨	10%

品种，年份，销量，同比增涨
水稻，2010，60吨，10%
小麦，2010，75吨，3%
花生，2010，50吨，5%
玉米，2010，80吨，10%

图9-16　将表格转换为文本

提示：转换为文本的表格内容，当需要再转换回表格时，可以使用相同的分隔符转换回来。

②将文本转换为表格。

将文本转换为表格，相当于是将表格转换为文本的反向操作。需要注意的是，在输入文本时，需要在行和列的内容之间设置分隔符，分隔符的设置要是转换命令认可的符号，比如Tab键、逗号等。

首先，使用文字工具选中转换为表格的所有文本，然后选择【表】|【将文本转换为表】命令，弹出【将文本转换为表】对话框，选择文本中对应的分隔符，在本例中，文本列内容之间用分隔符分隔，行内容之间用逗号分隔（分隔符的选择如下图所示），设置好后点击【确定】按钮，即可将文本转换为表格（图9-17）。

图9-17　将文本转换为表格

> 提示：转换为表的行和列分隔符的设置要根据输入文本时文字之间的间隔符来选择。

（4）添加图文对象

创建了表格后，就可以在表格内添加文本、图形、表头和表尾了。

①在表格中添加文本

在表格中添加文本，可以通过以下方法实现：

直接输入法：选中工具箱中【文字】工具，在需要输入文本的单元格中单击鼠标，确定光标在单元格中闪烁之后，直接输入文本即可。

粘贴法：选中工具箱中【文字】工具，选中需要复制的文本，然后按住Ctrl+C快捷键，在需要粘贴文本的单元格中点击鼠标，确定光标在单元格中闪烁后，按住Ctrl+V快捷键，即可将文本粘贴到单元格中。

> 提示：复制的文本既可以从InDesign软件中选择，也可以从其他的软件或文件中选择文字，粘贴到
>   InDesign中。

置入法：选中工具箱中【文字】工具，在需要输入文本的单元格中点击鼠标，确定光标闪烁后，点击菜单栏【文件】|【置入】命令，选择需要置入的文本对象即可。

②在表格中添加图形

使用【置入】命令可以在表格中添加图片，置入图片方法如下：

首先，选择【文字】工具，在要置入图片的单元格单击鼠标，确定光标闪烁后（图9-18），点击菜单栏【文件】|【置入】命令，弹出【置入】对话框，选择要置入的图片，点击【打开】按钮，即可将图片添加到单元格中，调整图片大小，使其适合单元格（图9-19）。

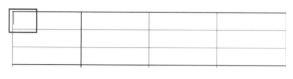

图9-18　置入光标

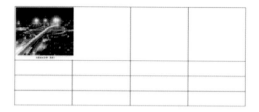

图9-19　置入图片

提示：如果直接用选择工具对置入的图片进行缩放，图片超出单元格的部分不被显示。如果想要图形全部出现在单元格中，可以按住Ctrl键对变换框进行缩放，则可以实现图片和变换框的整体缩放。

2.选择和编辑表格

（1）选择表单元格、行和列

在对表格进行编辑之前，首先学会对表格内容的选择。单元格是构成表格的基本元素，单元格组合后又可分为行和列，下面我们分别讲述表格不同内容的选择。

①单元格的选择。

常用的单元格选择方法有以下两种：

菜单命令选择：选中【文字工具】，在要选择的单元格内单击鼠标，然后点击菜单栏【表】|【选择】|【单元格】命令，即可选择当前单元格（图9-20）。

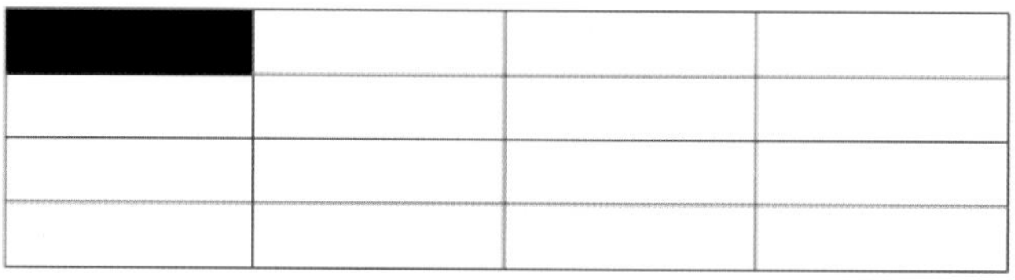

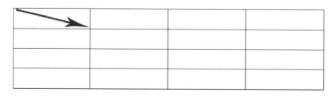

图9-20　选中单元格

提示：使用文字工具在要选择的单元格内单击后，按住Ctrl+/快捷键，可以快速选择该单元格。

文字工具拖动选择：选中工具箱【文字工具】，在要选择的单元格内按住鼠标左键，然后向单元格右下角拖拽，即可将该单元格选中（图9-21）。

图9-21　选中单元格

提示：在拖动选择单元格时，不要拖动行线或列线，否则将改变单元格大小。选择单元格时如果选中多余单元格，可以在不释放鼠标的情况下往回拖动，即可改变选择单元格的数量。

方向键选择：选中工具箱【文字工具】，在要选择单元格内单击，确定光标闪烁后，再按住Shift+方向键，即可选择当前单元格。

②选择多个单元格。

需要选择多个单元格时，可以用以下两种方法：

文字工具拖动法：选中工具箱【文字工具】，在要选择的一个单元格内单击鼠标，然后按住鼠标左键不放，向需要选择的单元格位置拖动（图9-22），即可选中多个单元格（图9-23）。

图9-22 拖动鼠标

图9-23 选中多个单元格

方向键选择：选中工具箱【文字工具】，在要选择的一个单元格内单击鼠标，然后按住Shift键的同时，根据选择需要多次按下键盘上的方向键，即可选中多个单元格。

③选择整行。

要想将表格中的一整行全部选中，可以通过以下两种方法：

菜单栏命令选择：要选择某行，首先使用【文字工具】，在要选择行的任意单元格内单击，定位光标，然后点击菜单栏【表】|【选择】|【行】命令，即可将该行选中（图9-24）。

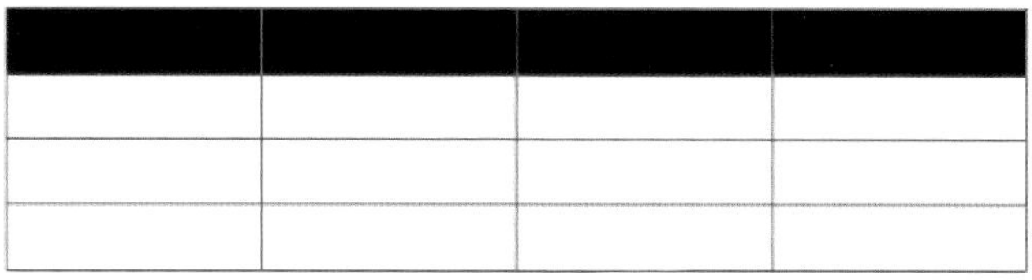

图9-24 选中整行

提示：使用【文字】工具在要选择行的任意单元格内单击，定位光标后，按住Ctrl+3快捷键，可以快速选择该行。

鼠标单击法：选中工具箱【文字工具】，将鼠标移动到要选择行的左侧，当光标变成箭头形状时（图9-25），单击鼠标即可选中该行（图9-26）。

图9-25 选中整行箭头

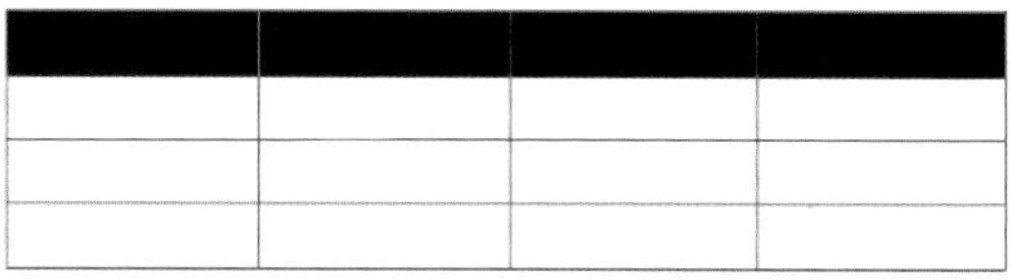

图9-26 选中整行

④选择整列。

列的选择方法和行的选择方法相似，可以通过以下两种方法：

菜单命令选择：要选择某列，选中工具箱【文字工具】，在要选择列的任意单元格内单击，定位光标，然后点击菜单栏【表】|【选择】|【列】命令，即可将该列选中（图9-27）。

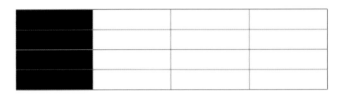

图9-27　选中整列

提示：使用【文字】工具在要选择行的任意单元格内单击，定位光标后，按住Alt+Ctrl+3快捷键，可以快速选择该行。

鼠标单击法：选中工具箱【文字工具】，将鼠标移动到要选择列的上方，当光标变成箭头形状时（图9-28），单击鼠标即可选中该列（图9-29）。

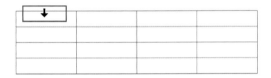

图9-28　鼠标形状

图9-29　选中整列

⑤选择整个表格。

菜单命令选择：要选择整个表格，选中工具箱【文字工具】，在要选择列的任意单元格内单击，定位光标，然后点击菜单栏【表】|【选择】|【表】命令，即可将该表全部选中（图9-30）。

图9-30　选中图表

鼠标单击法：选中工具箱【文字工具】，将鼠标移动到要选择表格左上角位置，当光标变成箭头形状时（图9-31），单击鼠标即可将该表全部选中（图9-32）。

图9-31　箭头形状

图9-32　选中整表

⑥选择表头行、表尾行和正文行。

选择这三部分内容的方法很简单，选中工具箱【文字工具】，将鼠标在表格的任意单元格位置单击，然后点击菜单栏【表】|【选择】命令，在【选择】命令下一级子菜单中选择对应的【表头行】、【表尾行】或【正文行】命令，即可选择对应的内容（图9-33）。

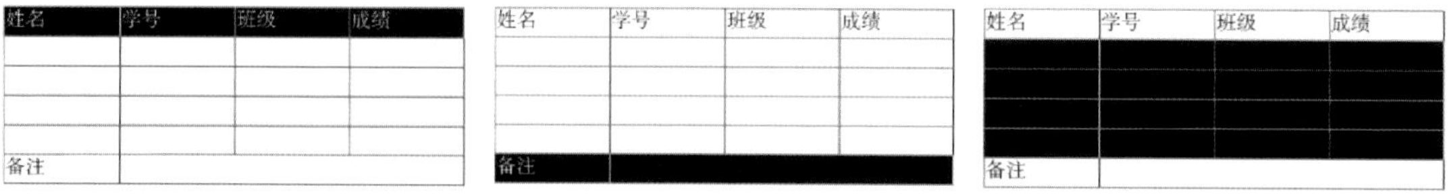

图9-33 分别选中表头行、表尾行、正文行

提示：执行选择【表头行】、【表尾行】或【正文行】命令，首先必须在表格中设置好表头行和表尾行，才
　　　能选中表格中对应的内容。否则，菜单栏中【表】|【选择】命令下【表头行】、【表尾行】或【正文
　　　行】命令为灰色，不能操作。

（2）插入行和列

创建好表格后，若在制作表格过程中发现表格的行数和列数不合适，我们可以根据需要插入新的行和列。

①【插入行】对话框。

选中工具箱中【文字工具】，在要插入行的上、下行的任意单元格内单击鼠标，确定光标闪烁后点击菜单栏【表】|【插入】|【行】命令，弹出【插入行】对话框（图9-34）。

图9-34 插入行对话框

【行数】指定插入的行数

【上】指定插入行的位置，在鼠标定位的行的位置上方插入行。

【下】指定插入行的位置，在鼠标定位的行的位置下方插入行。

设置好各项参数后，点击【确定】按钮，即可完成行的插入（图9-35）。

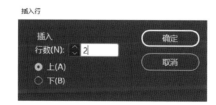

图9-35 插入行效果

②【插入列】对话框。

插入列的操作与插入行的操作非常相似，首先选中工具箱中【文字工具】，在要插入行的左、

右列的任意单元格内单击鼠标，确定光标闪烁后点击菜单栏【表】|【插入】|【列】命令，弹出【插入列】对话框，对话框中各项参数与插入行对话框中各项参数含义相似，在此不再一一赘述。

设置好参数后，点击【确定】按钮，即可完成列的插入（图9-36）。

图9-36 插入列效果

技巧：通过鼠标拖动，可以快速插入行和列，操作方法如下：

插入行：选中工具箱中【文字工具】，将鼠标移动到要插入行位置上一行的下侧边框上，当光标变成 ↕ 形状时，先按住鼠标左键不放，然后按住Alt键的同时拖动鼠标，到合适位置后释放鼠标，即可插入行（图9-37）。

插入列：选中工具箱中【文字工具】，将鼠标移动到要插入列左侧列的右侧边框上，当光标变成形状时，按住Alt键的同时拖动鼠标，到合适位置后释放鼠标，即可插入列（图9-38）。

图9-37 插入行效果

图9-38 插入列效果

（3）删除行、列或表格

创建好表格后，若在制作表格过程中发现表格的行数和列数不合适，我们可以根据需要删除现有的行和列。

①删除行。选择工具箱中【文字工具】，用鼠标点击要删除行的其中的一个单元格，如果要删除多行，则选择多行即可，然后点击菜单栏【表】|【删除】|【行】命令，即可删除选中的行（图9-39）。

②删除列。删除列的方法和删除行的方法非常相似。选中工具箱中【文字工具】，用鼠标点击要删除列的其中的一个单元格，如果要删除多列，则选择多列即可，然后点击菜单栏【表】|【删除】|【列】命令，即可删除选中的列（图9-40）。

姓名	学号	班级	成绩
备注			

表选项(O) ▷
单元格选项(P) ▷
插入(I) ▷
删除(D) ▷   行(R)   Ctrl+Backspace
选择(S) ▷   表(A)
合并单元格(M)
水平拆分单元格(Z)
垂直拆分单元格(V)
将单元格转换为图形单元格

姓名	学号	班级	成绩
备注			

图9-39 删除行效果

姓名	学号	班级	成绩
备注			

表选项(O) ▷
单元格选项(P) ▷
插入(I) ▷
删除(D) ▷   列(C)   Shift+Backspace
选择(S) ▷   表(A)
合并单元格(M)
水平拆分单元格(Z)
垂直拆分单元格(V)

学号	班级	成绩

图9-40 删除列效果

技巧：删除行和列还可以通过【表选项】的设置来删除，方法如下：

选中工具箱中【文字】工具，在表中任意位置单击鼠标，确定光标定位后点击菜单栏【表】|【表选项】|【表设置】命令，弹出【表选项】对话框。在【表尺寸】中，根据需要设置新的行数和列数，设置好后点击【确定】按钮，即删除行数和列数，行将从表格底部删除，列将从标的左侧开始删除（图9-41）。

姓名	班级	学号	成绩
备注			

姓名	班级

图9-41 删除行和列

提示：在【表设置】窗口中改变行或列的数值后，再进行其他操作之前，会弹出小窗口，提示将从表中删除行或列（图9-42），点击确定即可。

图9-42 删除行和列之前提示窗口

3.设置表的格式

（1）调整行、列和表的大小

如果表格的行高、列宽或表格的大小不合适，可以对其尺寸进行调整，方法有以下几种。

①直接拖动调整。

直接拖动改变行高、列或表格大小，这是非常方便快捷的方法，操作方法如下：

选择工具栏【文字工具】，将光标放置在要改变大小的行或列的边缘位置，当光标变成 ‡ 或者 ↔ 时，按住鼠标向上下或者左右方向拖动，即可调整行高或者列宽，效果如图9-43所示。

技巧：在改变行高或列宽时，如果想要在不改变表格大小的情况下修改，可以在拖动鼠标时按住Shift键，效果如图9-44所示。

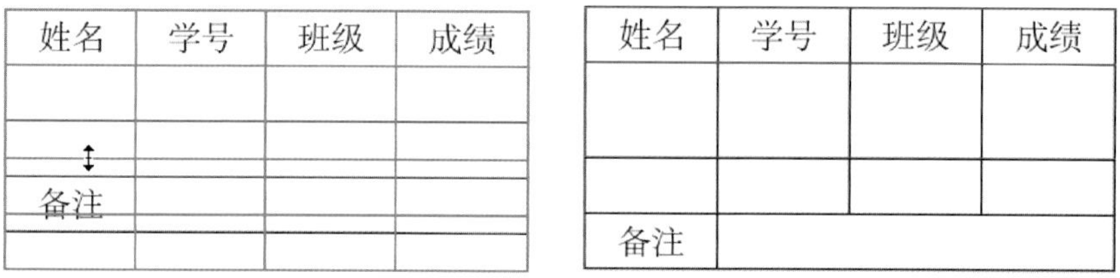

姓名	学号	班级	成绩
‡			
备注			

姓名	学号	班级	成绩
备注			

图9-43　改变行高

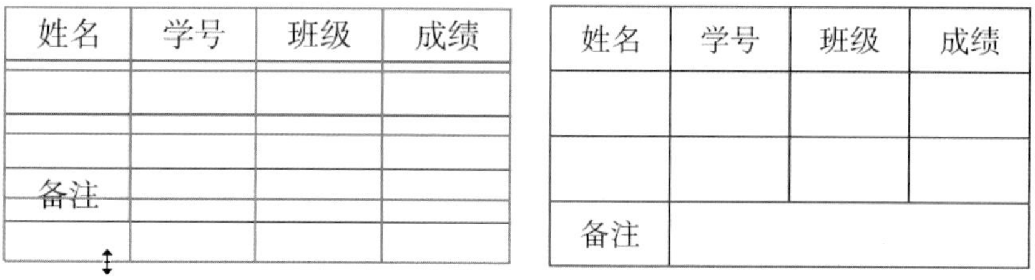

姓名	学号	班级	成绩
备注			
‡			

姓名	学号	班级	成绩
备注			

图9-44　整体改变行高

②使用菜单命令精确调整。

使用直接拖动的方法改变行高或列宽的尺寸，不能精确调整。如果想要精确调整，可以用菜单栏中【行和列】命令来完成，操作方法如下：

选择工具栏中【文字工具】，在要调整的行和列的任意单元格中单击，定位光标位置。如果要改变多行或多列，则可以全部选中要选择的行和列。点击菜单栏【表】|【单元格选项】|【行和列】命令，即可弹出【单元格选项】对话框，此时【行和列】选项被选中，在【行高】参数右侧选择【最少】或【精确】选项，然后在右侧的文本框中输入精确的行高数值，在【列宽】右侧的文本框输入精确列宽数值，输入完成后，点击【确定】按钮，便可得到合适的行高或列宽（图9-45）。

图9-45　精确设置行高、列宽

③使用【表】面板精确调整。

使用【表】面板同样可以实现精确调整行宽和列高，操作方法如下：

选择工具栏中【文字工具】，在要调整的行或列的任意单元格单击鼠标，定位好光标位置，或者选中需要改变的行或列，然后点击菜单栏【窗口】|【文字和表】|【表】命令，弹出【表】面板（图9-46），在【表】面板的对应参数位置输入适当数值，按回车键即可修改行高或列宽。

图9-46　在表面板中设置参数

技巧：按Shift+F9快捷键，即可快速弹出【表】面板

提示：利用【表】面板中【行数】和【列数】选项，还可以改变行或列的数值。

④调整表格的大小。

修改表格的大小，可以使用【文字工具】，用鼠标拖曳即可改变表格大小，操作方法如下：

选择工具栏【文字工具】，将光标放置在表格的右下角位置，当光标变成↖形状时，按住鼠标左键拖动即可调整表格大小（图9-47）。在拖动鼠标的同时，按住Shift键，即可实现表格等比例缩放。

姓名	学号	班级	成绩
备注			

姓名	学号	班级	成绩
备注			

图9-47　整体改变表格大小

（2）合并和拆分单元格

根据版面需要，表格样式需要变化丰富，在InDesign CC中可以灵活实现表格单元格的合并和拆分，合并单元格即将多个单元格合并成一个大的单元格，拆分单元格即将一个单元格拆分为多个小单元格。

①合并单元格。

选择工具栏中【文字工具】，选择要合并的多个单元格，然后点击菜单栏【表】|【合并单元格】命令，也可以点击菜单栏下控制调板中【合并单元格】按钮，即可将选中的单元格合并为一个单元格，操作效果（图9-48）。

图9-48　合并单元格

> 提示：如果想要恢复合并单元格前的表格样式，可以选中【文字工具】，将光标定位在合并后得到的单元格中，然后点击菜单栏中【表】|【取消合并单元格】命令，即可将单元格恢复到合并前的表格样式。

②拆分单元格。

在InDesign CC中可以灵活地将一个单元格拆分为多个单元格。拆分单元格可以通过菜单栏【水平拆分单元格】或【垂直拆分单元格】命令来实现。

水平拆分单元格：选中工具栏中【文字工具】，选择要拆分的单元格，可以选中一个或多个单元格，然后点击菜单栏【表】|【水平拆分单元格】命令，即可将选中的单元格水平拆分为小单元格（图9-49）。

垂直拆分单元格：选中工具栏中【文字工具】，选择要拆分的单元格，可以选中一个或多个单元格，然后点击菜单栏【表】|【垂直拆分单元格】命令，即可将选中的单元格垂直拆分为小单元格（图9-50）。

姓名	学号	班级	成绩
		.	
备注			

创建表(T)...	Ctrl+Alt+Shift+T
将文本转换为表(C)...	
将表转换为文本(N)...	
表选项(O)	>
单元格选项(P)	>
插入(I)	>
删除(D)	>
选择(S)	>
合并单元格(M)	
取消合并单元格(U)	
水平拆分单元格(Z)	
垂直拆分单元格(V)	
在前面粘贴(B)	
在后面粘贴(A)	
将单元格转换为图形单元格	
将单元格转换为文本单元格	
转换行(W)	>
均匀分布行(R)	
均匀分布列(E)	
转至行(G)...	
编辑表头(H)	
编辑表尾(F)	

姓名	学号	班级	成绩
备注		|	

图9-49　水平拆分单元格

姓名	学号	班级	成绩
备注			

创建表(T)...	Ctrl+Alt+Shift+T
将文本转换为表(C)...	
将表转换为文本(N)...	
表选项(O)	>
单元格选项(P)	>
插入(I)	>
删除(D)	>
选择(S)	>
合并单元格(M)	
取消合并单元格(U)	
水平拆分单元格(Z)	
垂直拆分单元格(V)	
在前面粘贴(B)	
在后面粘贴(A)	
将单元格转换为图形单元格	
将单元格转换为文本单元格	
转换行(W)	>
均匀分布行(R)	
均匀分布列(E)	
转至行(G)...	
编辑表头(H)	
编辑表尾(F)	

姓名	学号	班级	成绩
备注			

图9-50　垂直拆分单元格

（3）设置表中文本格式

表格中的文字同样可以用【文字工具】和表格相关命令，修改表格中文字的效果。

①文字方向的更改。

选择工具栏中【文字工具】，点击要更改文字方向的单元格，或者将光标置于其中，然后点击菜单栏【表】|【单元格选项】|【文本】命令，在弹出的【单元格选项】对话框中自动选择了【文本】项，在【排版方向】参数中，点击右侧三角按钮，在弹出下拉列表中选择适合的排版方向，修改效果（图9-51）。

提示：修改文本的方向，还可以通过【单元格选项】对话框中【文本旋转】命令来修改文本方向（图
9-52）。

姓名	学号	班级	成绩
备注			

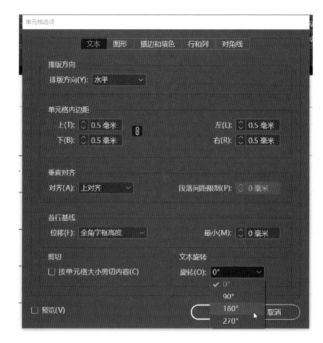

姓名	学号	班级	成绩
备注			

图9-51　改变文字方向

图9-52　单元格选项

②调整文本与单元格边距。

所谓文本与单元格边距，指的是单元格中文字与单元格四个边框的距离，通过【单元格内边距】选项，可以调整文本与单元格的距离。

选择工具栏中【文字】工具，选中需要调整边距的单元格，然后点击菜单栏【表】|【单元格选项】|【文本】命令，即弹出【单元格选项】对话框，如图9-53所示，此时选中【文本】选项，在【单元格内边距】参数中，设置好【上】【下】【左】【右】的参数后，点击【确定】按钮，即可调整好内边距的效果。

提示：在设置单元格内文本边距时，如果点击 按钮，则四个方向的边距保持一致。

图9-53 调整文字内边距

③调整文字对齐方式。

在默认情况下，表格中的文本在水平方向左对齐，在垂直方向上对齐。当需要修改文本对齐方式时，可以通过以下方法：

选中工具栏中【文字】工具，选中需要调整文本对齐方式的单元格，然后点击菜单栏【表】|【单元格选项】|【文本】命令，弹出【单元格选项】对话框，在【垂直对齐】选项中，在【对齐】下拉列表中根据版式需要选择合适的对齐方式，操作过程（图9-54）。

图9-54 调整文字对齐效果

提示：选中要调整文字对齐方式的单元格后，可以通过菜单栏下控制调板的水平和垂直方向调整对齐方式的命令按钮（图9-55），来调整文本对齐方式。

图9-55 控制调板中按钮

4.表的描边和填色

在InDesign中，可以为表格设置描边和填色的效果，使表格更具有美感。

（1）表格边框的设置

通过【表设置】命令，可以设置表格边框的效果。点击菜单栏【表】|【表选项】|【表设置】命令，即弹出【表选项】对话框，此时选中【表设置】选项（图9-56）。在【表外框】参数中，设置各项参数，即可得到想要的边框效果。

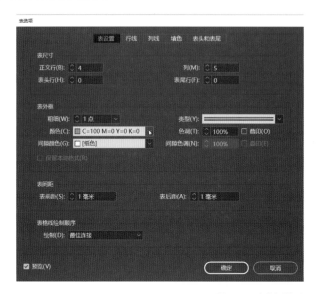

图9-56　表外框设置

【表选项】对话框【表外框】参数组中各项参数如下：

【粗细】设置表格边框的粗细程度。数值越大，表格外边框就越粗。如果数值设为0，则表格无外边框。

【类型】设置表格外边框的样式，如虚线、斜线、垂直线和点线等。

【颜色】设置表格外边框的颜色，在【颜色】的下拉列表中，显示的颜色为当前【色板】的颜色，如果下拉列表中没有需要的颜色，则将需要的颜色添加到【色板】中，然后再从【颜色】下拉列表中选择该颜色。

【色调】设置表格边框颜色的饱和度，最大值100%，数值越小，则颜色越淡。

【间隙颜色】当外边框为虚线、圆点、空心棱线等带有间隙的描边样式时，可以设置其间隙的颜色。

【间隙色调】用来设置间隙颜色的饱和度，与【色调】效果一致，数值越小，颜色越淡。

提示：【叠印】用来设置油墨量的应用，当勾选该选项时，指定的油墨量应用于所有底色上。

通过【表外框】参数设置效果（图9-57）。

（2）为单元格添加描边和填色

InDesign 中提供了多种为单元格添加描边和填色的方法，如菜单栏中【描边和填色】命令，

图9-57 表外框设置

【描边】、【颜色】和【色板】面板命令。另外，还可以使用【渐变】面板为单元格填充渐变色效果，下面分别介绍这几种操作方法。

①使用【描边和填色】命令。

首先，选中工具栏中【文字工具】，在表格中选择要描边和填色的单元格，然后点击菜单栏【表】|【单元格选项】|【描边和填色】命令，弹出【单元格选项】对话框（图9-58），通过对话框中相关参数的设置，可以完成单元格描边的颜色、类型和填色的效果。

图9-58 设置单元格外框

在对话框中，有一项描边选择的参数，该参数用来选择描边设置对应的单元格中某一条具体的边线。田字格的边线分别对应单元格中的边线。当需要修改单元格的某条边线的描边，其他线的效果不变时，可以用鼠标点击田字格中对应的线，当该条线由灰色变成蓝色时，表示此线被选中，即可修改描边各项参数，且只修改单元格中对应的这条边线（图9-59）。

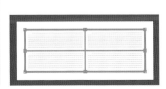

图9-59 改变单元格描边位置

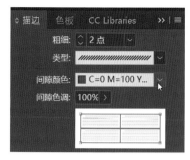

图9-60 描边面板

②使用【描边】面板设置描边。

首先，选中工具栏中【文字工具】，在表格中选择要描边和填色的单元格，点击菜单栏【窗口】|【描边】命令，或者按快捷键F10直接打开【描边】面板。在面板的描边选择区"田字格"中选择想要描边的对应的边线，然后设置描边各项参数（图9-60）。

③使用【色板】面板设置填色。

首先，选中工具栏中【文字工具】，选择要填色的单元格，然后点击菜单栏【窗口】|【颜色】|【色板】命令，或者按快捷键F5弹出【色板】面板。点击面板中填色图标，使其切换到当前状态，然后选择需要的颜色效果，即可完成单元格填色设置，设置效果如图9-61所示。

图9-61 色板为单元格填色

> 提示：选择要填色的单元格后，在【色板】面板中，如果点击描边图标，使其切换到当前状态，则改变单元格描边颜色（图9-62）。

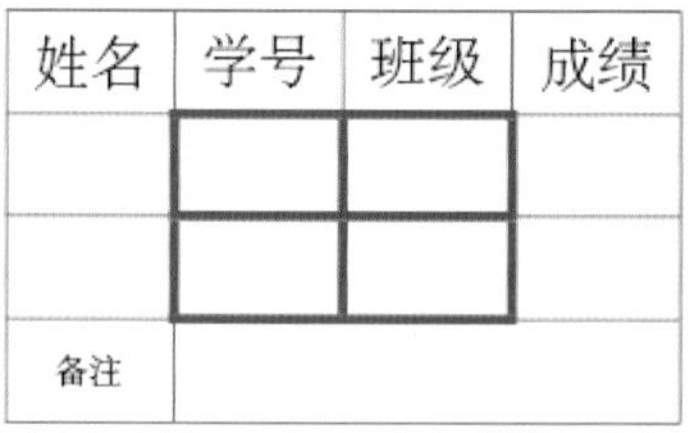

图9-62 单元格描边颜色

④使用【渐变】面板为单元格填充渐变色。

首先，选中工具栏中【文字工具】，选择要填色的单元格，点击菜单栏【窗口】|【颜色】|【渐变】命令，弹出【渐变】面板。点击工具栏中填色按钮，使其切换到当前选中状态，然后结合颜色面板，设置渐变颜色效果，即可为单元格填上渐变色（图9-63）。

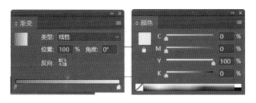

图9-63　为单元格设置渐变色

（3）为单元格添加对角线

在表格中，根据内容需要，有些单元格需要添加对角线，方法如下：

首先，选中工具栏中【文字工具】，选中要添加对角线的单元格，然后点击菜单栏【表】|
【单元格选项】|【对角线】命令，弹出单元格选项对话框，此时选中【对角线】选项（图9-64）。
通过设置对角线类型、方向、粗细等参数，可以得到需要的效果。

图9-64　为单元格添加对角线

（4）交替描边和填色设置

InDesign中提供了交替描边和填色的效果，可以制作出效果更加丰富的表格，操作方法如下：

①交替描边。

首先，选中工具栏中【文字工具】，在表格中任意单元格位置单击。然后点击菜单栏【表】|
【表选项】|【交替行线】命令，弹出【表选项】对话框，此时选中【行线】选项（图9-65），设置
相关参数，即可得到需要的交替描边效果。

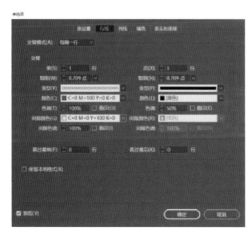

图9-65　交替描边

交替行线相关参数如下：

【交替模式】设置行线改变的交替模式（图9-66），包括每隔一行、每隔两行、每隔三行等参数。

其他参数与描边、填色选项中效果一致，这里不再赘述。

图9-66　交替模式

提示：如果想要设置列线的交替描边，只需点击菜单栏【表】|【表选项】|【交替列线】命令，参数设置与交替行线设置一样。

②交替填色

首先选中工具栏中【文字工具】，在表格中任意单元格位置单击。然后点击菜单栏【表】|【表选项】|【填色】命令，弹出【表选项】对话框，此时选中【填色】选项。在【交替模式】选择对应的交替效果，其余参数根据需要效果设置即可（图9-67）。

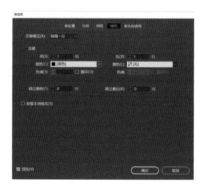

图9-67　交替填色

实例演练

第三单元
案例分析

课　　时： 12课时

单元知识点： 本次课程主要讲述书籍的创建和编辑，以及生成目录。利用书籍功能，可以将长文档分成几部分来编辑，由多个人同时进行编辑能有效提高书籍排版的效率。另外讲述了如何使用样式源文档来同步书籍中的各个文档，使各个文档的书籍格式保持统一。最后，讲述了如何快速生成目录，以及打印、导出书籍的全部或者其中的一部分的操作方法。

本单元内容将综合运用前面所学的知识和技能来制作一些设计作品，通过案例分析来巩固InDesign CC 2018的基础知识，同时了解商业案例的创意方法和制作流程。

随着社会发展，越来越多的精品甜品店林立于街头巷尾，甜品亦成为酒店、饭店等餐饮经营场所中不可或缺的一环。而经过精美设计的甜品菜单，在餐饮场所的经营中起着极重要的作用。

第十课　书籍与目录

实例演练　　　　　案例演练

1.书籍

书籍文件相当于一个文档集，添加到书籍中的文档可以共享样式、色板等参数，快速统一版式效果。在书籍中可以灵活调整各个文档之间的顺序，或者单独导出其中的一部分文档，无论是编辑还是保存，在书籍中操作都非常方便。

（1）创建书籍件

创建书籍文件，点击菜单栏【文件】|【新建】|【书籍】命令，即可弹出【新建书籍】对话框（图10-1）。在对话框中，首先需要确定该书籍文件的存储位置，然后在对话框的【文件名】选项处输入该书籍的名称，设置好选项后点击【确定】按钮即可保存，之后会弹出该书籍的面板（图10-2）。

图10-1　新建书籍对话框

图10-2　书籍面板

书籍面板是书籍的工作区域，添加、删除、编辑文档以及编辑书籍相关操作都是在该面板中进行的。

（2）添加和删除书籍中的文档

新建的书籍文件是一个空壳，没有任何内容，需要在书籍中添加事先编辑好的书本内容的文档。文档添加进来后，文档内容就链接到了书籍中，然后在书籍中对添加进来的文档进行统一编辑，最终可得到版式统一的整本书籍。在书籍可以灵活地添加或删除文档，以调整书籍内容。

①添加文档。

点击【书籍】面板中【添加文档】 ![按钮图标] 按钮，在弹出的窗口中选择需要添加的文档（图10-3），然后点击窗口中的【确定】按钮，则将文档添加到书籍中（图10-4）。

或者点击【书籍】面板右上方 ![菜单图标]，在弹出的下拉列表中点击【添加文档】命令，即可弹出【添加文档】对话框。在该对话框中选择需要添加到书籍中的文档，然后点击【打开】按钮，即可将所选文档添加到【书籍】面板中（图10-5）。

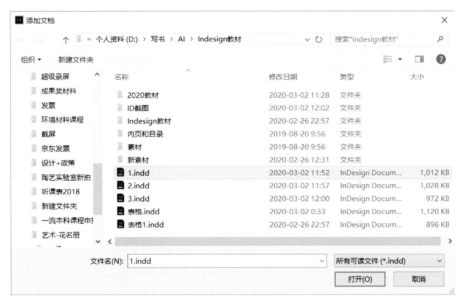

图10-3　选择要添加的文档

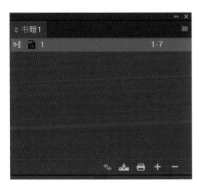

图10-4　添加文档后

图10-5　添加文档

②删除文档。

要删除书籍中的文档，首先选中【书籍】面板中要删除的一个或多个文档，然后点击【书籍】面板下方【移去文档】 ▬ 按钮，即可删除被选中的文档。或者选中要删除的文档后，点击【书籍】面板右上方 ▤ 按钮，在弹出的下拉列表中选择【移去文档】命令（图10-6），同样可以从书籍中删除文档，删除后效果如图10-7所示。

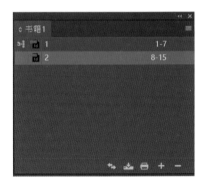

图10-6　下拉列表

图10-7　移去文档后效果

（3）编辑书籍

①替换文档。

在书籍编辑中，可以用书籍以外的文档替换现有文档，替换文档方法如下：

首先，在【书籍】面板中选择要被替换的文档，然后点击【书籍】面板右上方 ▤ 按钮，在弹出的下拉列表中选择【替换文档】命令（图10-8）。在弹出的【替换文件】对话框中选择要用来替换的新文档，点击【打开】按钮（图10-9），即可完成替换文件的操作，替换完成效果（图10-10）。

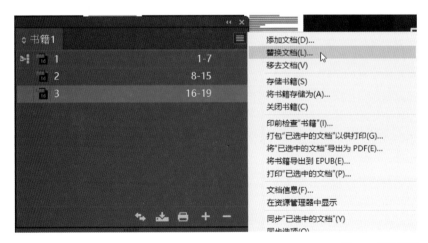

图10-8　下拉列表

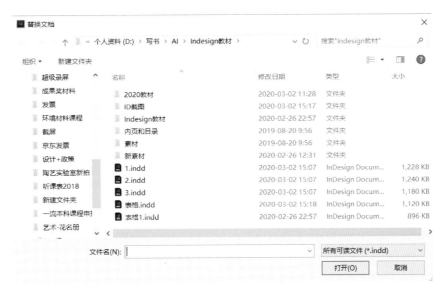

图10-9 选择替换文档

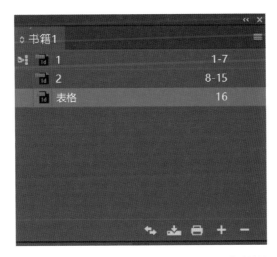

图10-10 完成效果

②移动文档。

置入到【书籍】面板中的文档,根据书籍排版需要,可以灵活调整书籍中文档之间的先后顺序。选中需要移动位置的文档,按住鼠标左键拖动到合适位置,当文档之间出现黑色线条时,即可松开鼠标左键,则文档移动到该位置(图10-11)。

③打开文档。

将文档添加到书籍后,有时需要对文档进行再编辑。首先需要打开文档,然后按照普通文档中的操作对文档进行编辑即可。

打开书籍中的文档,直接用鼠标在【书籍】面板中双击需要打开的文档,即可在软件中打开该文档。在【书籍】面板中,打开的文档右侧会出现一个表示打开状态的图标 ●(图10-12),表示该文档处于打开状态。

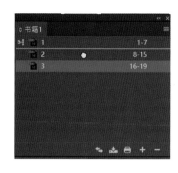  

图10-11 移动文档　　　　　　　　　　　　　　　图10-12 打开状态

④指定样式源。

样式源的作用是将指定作为样式源的文档中的各种样式和色板作为基准，以便在同步书籍文档时，将文档中的样式和色板复制到其他文件中。

默认情况下，添加到书籍中的第一个文档默认为样式源文档，在【书籍】面板中，作为样式源的文档前面有图标，若想改变作为样式源的文档，直接在指定文档前面的位置单击鼠标左键即可，当该文档名称前面出现 表示该文档被定义为样式源文档。

（4）书籍文档状态

【书籍】面板中分别用几种图标，用以表示文档的不同状态。

打开 图标：表示文档处于打开状态。

缺失 图标：表示该文档在书籍外被移动、删除或重命名。

已修改 图标：表示书籍关闭后书籍中的文档被修改或文档页码等发生变化。

2.同步书籍中的文档

同步书籍文档是将样式源文档中的色板和样式添加到其他文档中，可以使书籍中的文档快速完成统一样式的编辑，提高了排版的工作效率。

同步书籍文档时，样式源文档中的色板和样式会添加到其他文档中，如果被同步文档中有与样式源文档同名的色板和样式，则被同步文档中的样式和色板会被覆盖替换；如果没有同名的，则样式源中的样式和色板则被直接添加到被同步文档中。

首先，在【书籍】面板中指定样式源文档，然后选中要被样式源同步的文档（图10-13），如果不选择任何文档，则会用样式源文档同步整个书籍。

然后单击【书籍】面板右上方的 按钮，在弹出的下拉列表中选择【同步已选中文档】命令会弹出同步书籍提示的对话框，提示同步操作已完成（图10-14）。

同步文档前后效果（图10-15）。

图10-13 同步文档

书籍"书籍1.indb"

同步已成功完成。文档可能进行了更改。

☐ 不再显示(D)

确定

图10-14　同步文档

样式源文档段落样式

被同步文档同步前段落样式

被同步文档同步后段落样式

图10-15　同步效果

3.编排页码

默认情况下，添加到书籍中的文档按照先后顺序，会自动分页。页码的样式和起始页码由每个文档【页码和单元节选项】的单独设置决定。如果各文档的【页码和单元节选项】对话框中选择了【自动页码】选项，书籍中的页码会根据文档的先后顺序自动编排页码。

（1）修改书籍文件页码

要修改书籍中的文档页码，首先需要选中要修改页码的文档，然后点击【书籍】面板右上方 ▤ 按钮，在弹出的下拉列表中选择【文档编号选项】命令，即弹出【文档编号选项】对话框（图10-16）。或者在【书籍】面板中，双击需要文档的页码位置，同样弹出【文档编号选项】对话框。

在【文档编号选项】对话框中默认选择【自动编排页码】选项，选择【修改页码】选项（图10-17），即可根据需要修改页码或者页码样式（图10-18）。

图10-16　文档编号选项

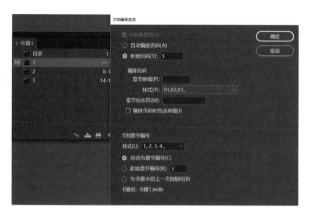

图10-17 修改页码选项

图10-18 修改后效果

（2）关闭自动更新页码

　　默认状态下，书籍中各文档之间的页码按照先后顺序自动排列出来。如果想要取消这项功能，让书籍中文档的页码保持添加到书籍之前的各自独立的页码，可以单击【书籍】面板右上方  按钮，在弹出的下拉列表中选择【书籍页码选项】命令（图10-19），即可弹出【书籍页码选项】对话框。在该对话框中取消【自动更新页面和单元节页码】选项的选中状态，然后单击【确定】按钮，即可关闭自动更新页码的功能。

图10-19 书籍页码选项

　　取消了该功能后，在书籍中添加、移动或删除文档，都不会影响书籍各个文档的页码。

（3）更新页码

　　如果需要更新书籍的页码，或者在修改文档后将书籍的页码重新排列，可以单击【书籍】面板中右上方 按钮，在弹出的下拉列表中选择【更新编号】|【更新页面和单元节页码】命令（图10-20）。即弹出【正在更新页码和单元节编号】的对话框，提示更新的状态。

图10-20 更新页码和单元节选项

（4）保存和导出书籍

①保存书籍。

保存书籍，首先需要点击【书籍】面板右上方 按钮，弹出下拉列表。在列表中选择【存储书籍】或【将书籍存储为】命令，都可以保存书籍。

选择【存储书籍】命令，将直接保存到该书籍文件中。选择【将书籍存储为】命令，则会弹出【将书籍存储为】对话框（图10-21），在此对话框中可以输入新的书籍名称，并能将该书籍保存到电脑其他位置。

图10-21 存储书籍

②打包以供打印书籍。

书籍编辑完成后，如需保存要打印的书籍，可以将书籍打包保存，打包保存的书籍会将书籍中包含的图片、字体等相关链接资料全部保存到打包文件中，操作方法如下：

要打包整本书籍，首先用鼠标点击【书籍】面板，取消书籍中文档的被选择状态（图10-22）。

然后点击【书籍】面板右上方 按钮，在弹出的下拉列表中选择【打包"书籍"以供打印】命令（图10-23）。

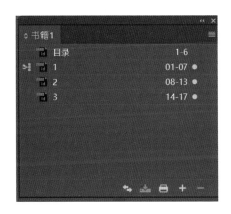

图10-22 书籍状态

图10-23 下拉列表

　　选择【打包"书籍"以供打印】命令后，InDesign软件首先会对书籍进行印前检查，并显示检查进度对话框（图10-24）。检查完成后，弹出【打包】对话框，默认选中【小结】选项。根据保存需要，设置好各选项参数，然后点击【打包】按钮（图10-25）。

图10-24 印前检查

图10-25 打包选项

点击【打包】按钮后，弹出【打印说明】对话框，在对话框中根据实际情况输入各项信息（图10-26），然后点击【继续】按钮，弹出【打包出版物】对话框，在对话框中输入打包文件的名称及保存位置，并根据需要勾选左下方各选项，然后点击【打包】按钮（图10-27）。

点击【打包】按钮后，开始打包并弹出【警告】对话框（图10-28），点击【确定】按钮即弹出【打包文档】对话框，该对话框中显示了打包的进度（图10-29）。

打包完成后，我们可以看到保存好的"书籍1"文件夹，打开该文件，可以发现里面包含了复制的字体、链接的图片、InDesign文件和"说明"文本等内容（图10-30）。

图10-26 打印说明　　　　　　　　　　　　　　　　图10-27 打包选项

图10-28 警告　　　　　　　　　　　　　　　图10-29 打包文档

Links	2020-03-03 16:29	文件夹	
1.idml	2020-03-03 16:29	InDesign Marku...	62 KB
1.indd	2020-03-03 16:29	InDesign Docum...	1,296 KB
2.idml	2020-03-03 16:29	InDesign Marku...	61 KB
2.indd	2020-03-03 16:29	InDesign Docum...	1,336 KB
3.idml	2020-03-03 16:29	InDesign Marku...	53 KB
3.indd	2020-03-03 16:29	InDesign Docum...	1,156 KB
目录.idml	2020-03-03 16:29	InDesign Marku...	34 KB
目录.indd	2020-03-03 16:29	InDesign Docum...	1,000 KB
书籍1.indb	2020-03-03 16:29	InDesign Book	72 KB
书籍1.pdf	2020-03-03 16:29	PDF 文件	3,828 KB
说明.txt	2020-03-03 16:29	文本文档	3 KB

说明.txt - 记事本
文件(F) 编辑(E) 格式(O) 查看(V) 帮助(H)

为服务提供商提供的 ADOBE INDESIGN 打印说明

出版物名称：书籍1.indb
分页选项：从上一个文档继续

文档数：4

打包日期：2020-03-03 16:29
创建日期：2020-03-02
修改日期：2020-03-02

联系信息

公司名称：某某设计公司
联系人：张三
地址：
北京北三环

电话: 010-88888888
传真：

图10-30 打包完成文件

图10-31　书籍面板

③导出书籍。

编辑的书籍，有时需要保存为PDF格式，以供网络或其他电子模式的阅读，将书籍导出为PDF操作如下：

要导出整本书籍，首先用鼠标点击【书籍】面板，取消书籍中文档的被选择状态（图10-31）。

然后点击【书籍】面板右上方 按钮，在弹出的下拉列表中选择【将"书籍"导出为PDF】命令（图10-32）。即弹出【导出】对话框（图10-33）。

在【导出】对话框中，输入导出书籍的名称以及保存位置，在【保存类型】选项中根据导出PDF文件用途，选择合适的类型，然后点击【保存】按钮，弹出【导出至交互式PDF】对话框（图10-34）。设置好各选项后，点击【确定】按钮，弹出【生成PDF】对话框，显示当前导出进度（图10-35），导出完成后该对话框消失。

图10-32　下拉列表

图10-33　导出对话框

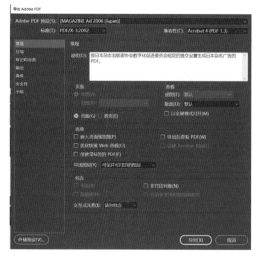

图10-34　导出交互式PDF

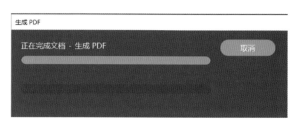

图10-35　生成PDF状态

提示：在【书籍】面板中，除了打包或导出整本书以外，还可以单独打包或导出书籍中的某个文档，只需在
打包或导出前选中目标文档，然后按照打包或导出整本书籍的操作，即可完成操作。

4.目录

目录是书籍独立部分，可以列出书籍、杂志或其他出版物的标题列表、插图列表、表列表等目录。目录中包含目录标题和条目信息，其中目录的条目信息是直接从文档中提取的，并可以随着书籍的编辑和修改随时更新。

（1）创建目录

①创建目录前准备工作。

书籍目录可以包含同一书籍中多个文档的内容信息，目录条目和页码根据文档内容编排，并随时可以更新。在生成书籍目录前需要做以下准备工作：

文档全部添加到书籍文件中，并且文档间的顺序是正确的，文档中的标题应用了适当的段落样式（图10-36），在书籍各文档中，创建了正文、单元题目和节题目三个段落样式，并分别将三个段落样式添加给对应的文字。

在书籍的各个文档中，同一层次的标题和文单元内容应用的段落样式是一致的。

在书籍文档中，创建一个空白的目录文档，用以生成目录。

②创建书籍目录。

做好生成目录前的准备工作后，就可以为书籍创建目录，操作方法如下：

首先，打开目录文档，在【段落样式】面板中，创建新的段落样式，参数根据版式需要设置（图10-36），在生成目录后，将目录文档中的段落样式添加到出现在目录文档的文字中。

创建好段落样式后，点击菜单栏【版面】|【目录】命令，弹出【目录】对话框（图10-37）。

图10-36 段落样式面板

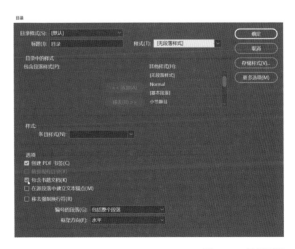

图10-37 目录面板

提示：在目录左下方【选项】部分，默认勾选【创建PDF书签】选项。为整本书籍创建目录时，需要勾选【包含书籍文档】选项 ☑ 包含书籍文档(K) ，将书籍各文档中包含的段落样式添加到【其他样式】选项中，针对整本书籍创建目录。

弹出【目录】对话框后，在【标题】选项中输入生成目录的标题，默认为"目录"二字。【样式】选项决定目录标题文字出现在目录文档中的显示效果，默认为"无段落样式"。【样式】下拉列表中包含目录文档中已创建好的段落样式，可以选择对应的目录标题的段落样式，也可以新建（图10-38）。

目录中的样式部分是生成目录的重要选项，左侧矩形框为【包含段落样式】选项，右侧矩形框为【其他样式】选项（图10-39）。

在【其他样式】选项中选择要出现在目录中的文字应用的段落样式，点击中间【添加】按钮，将对应段落样式添加到左侧【包含段落样式】选项中（图10-40）。

如果添加有误，可以选中【包含段落样式】中多余的段落样式，点击中间【移去】按钮，即可将该段落样式移回到【其他样式】选项中。

图10-38　目录样式内容

图10-39　目录中的样式

图10-40　添加目录样式

提示：添加到【包含段落样式】选项中的段落样式，会按照添加的先后顺序以缩进形式显示其级别，所以在将段落样式添加到【包含段落样式】中时，要根据该段落样式对应文字级别，依次添加。

添加段落样式完成后，点击【确定】按钮，即可在文档中生成目录，此时鼠标变成置入文本的样式，在文档中合适的位置点击鼠标左键，即可置入目录中文字（图10-41）。

按此方法生成目录比较简单，但目录中文字样式不统一，依然保留着文字在原文档中的段落样式，需要我们在目录文档中再对文字进行编辑。

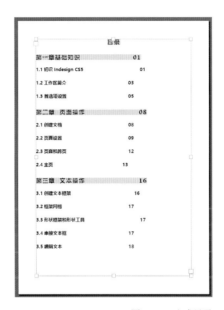

图10-41　生成目录

（2）更多目录选项

在生成目录过程中，我们可以在【目录】对话框中，先设置好目录文档中各部分文字的段落样式，以及页码的对齐方式，设置好样式后，再点击对话框中【确定】按钮，直接生成编辑好样式的目录，操作方法如下：

在【目录】对话框中将对应段落样式添加到【包含段落样式】选项后，点击对话框右上方 更多选项(M) 按钮，在对话框中出现【样式】的各选项（图10-42）。

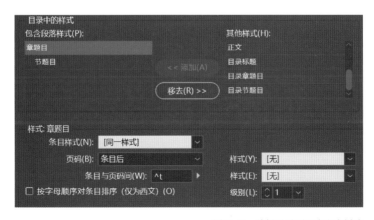

图10-42　编辑目录页面中文字样式

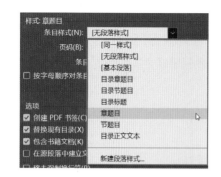

图10-43　条目样式

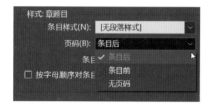

图10-44　页码位置

图10-45　条目页码间

【样式】选项中显示的各选项作用如下：

【条目样式】在下拉列表中为文档中的段落样式，此处选择的段落样式，决定该条目文字出现在目录文档中的显示效果（图10-43）。

【页码】决定目录文单元中页码的位置，下拉列表中包含条目前、条目后和无页码三个选项（图10-44）。【页码】右侧的【样式】选项决定页码数字出现在目录文档中的显示效果，可以单独为页码设置字符样式。如果选择【无】，则页码显示效果与对应的条目文字显示效果一致。

【条目与页码间】决定页码在目录文档中的对齐方式，下拉列表中包含以下选项（图10-45）。根据版面需要选择合适的样式即可。右侧的【样式】选项决定页码和条目之间出现符号的显示效果，可以单独为其设置字符样式。如果选择无，则符号显示效果与对应的条目文字显示效果一致。

【级别】决定该条目在目录文档中的级别，通过此选项修改添加到【包含段落样式】选项中的段落样式的级别。

下面分别设置目录中【单元题目】和【节题目】两项的样式：

在【包含段落样式】选项中选择【单元题目】选项，然后在下面【样式】选项组中设置各选项，在【条目和页码间】选择【右对齐制表符】命令，并将代表【制表符字符】的^t删除（图10-46）。

按照同样的方法设置好【节题目】的样式（图10-47）。

单元题目和节题目设置完成后，点击对话框中【确定】按钮，即可在文档中生成目录，此时鼠标变成置入文本的样式，在文档中合适的位置点击鼠标左键，即可置入目录中文字（图10-48）。

技巧：如果目录文字较多，一页文档不足以显示完全时，在【目录】对话框中设置完成后，置入目录中文字

图10-46　单元题目样式

图10-47　节题目样式

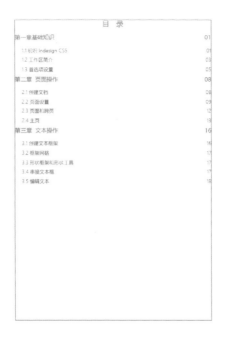

目　录

图10-48　生成目录

时，可以按住Shift按键，变成自动置入文本状态，然后再点击鼠标左键，则目录文字会按照"自动置入文本"的方式，自动串接到下一页面中。

（3）创建目录定位前导符

在书籍中，目录和常采用虚线或其他符号来分隔目录条目和页码。我们把出现在条目和页码间的分隔符号称为"定位前导符"。要使目录中出现"定位前导符"，需要在目录文字应用的段落样式中设置"定位前导符"。

首先，需要在目录文档中条目文字应用的段落样式中"设置定位前导符"。在目录文档【段落样式】面板中双击"目录单元题目"段落样式，在弹出的【段落样式选项】对话框中，设置好字符、缩进等选项后，点击对话框左侧【制表符】。

在【制表符】设置界面，选中【右对齐制表符】按钮■，然后在标尺右侧位置单击，将【右对齐制表符按钮】添加到标尺中，然后在【前导符】选项右侧文本框中输入作为前导符的符号，本例中输入"."点，设置完成后（图10-49），点击【确定】按钮，则目录条目和页码之间出现设置的前导符，单元题目完成后效果如图10-50。

按照上述方法，在【段落样式】面板中双击目录节题目段落样式，为节题目添加制表符（图10-51）。

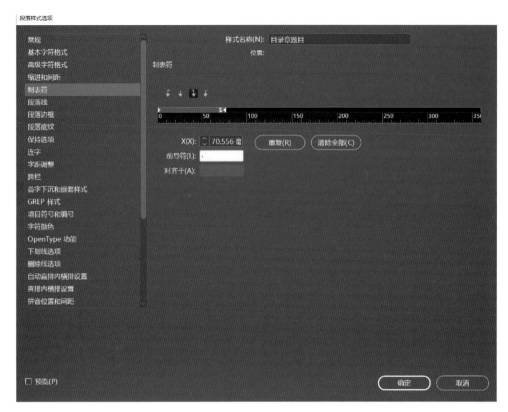

图10-49　制表符

图10-50　目录完成效果

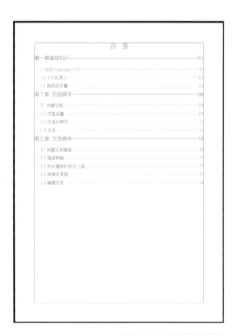

图10-51　目录完成效果

（4）更新目录

在生成目录之后，如果对书籍文档内容进行了修改，与目录内容相关的页码或标题等内容发生了变化，则需要更新目录内容，更新目录方法如下：

首先，在目录文档中选中目录，然后点击菜单栏【版面】|【更新目录】命令，目录更新完成后，弹出【信息】对话框，提示目录更新已完成（图10-52），点击【确定】按钮，则目录根据修改后的书籍内容作出相应的调整。

图10-52 更新完成提示信息

（5）目录样式

目录样式规定了包括在目录中的目录标题、条目和页码等信息，以及这些内容的格式。我们可以在书籍或文档中根据需要创建多个目录样式，以供生成目录时应用。

①新建目录样式。

点击菜单栏【版面】|【目录样式】命令，弹出【目录样式】对话框（图10-53）。

在对话框中点击【新建】按钮 新建(N)... ，弹出【新建目录样式】对话框（图10-54）。

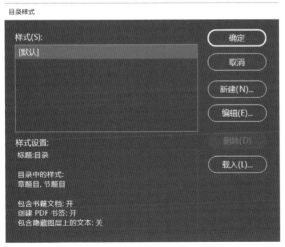

图10-53 目录样式

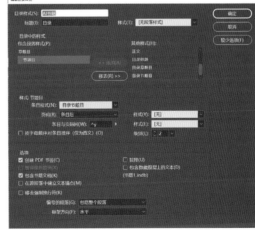

图10-54 新建目录样式

首先在对话框最上方【目录样式】选项文本框中输入要创建的目录样式名称，以便在应用样式时方便查找。

【新建目录样式】对话框其余选项与【目录】对话框选项完全一样，各选项作用和设置方法与前面创建目录操作一样，在此不再一一赘述（图10-54）。

各选项设置完成后，点击【确定】按钮 确定 ，返回【目录样式】对话框，新建的目录样式出现在该对话框中，点击该对话框中【确定】按钮（图10-55），即可完成目录样式的创建。

图10-55　目录样式

②删除目录样式。

在【目录样式】对话框中，在【样式】选项中选中要删除的目录样式，然后点击【删除】按钮 删除(D) ，即可删除选中的目录样式（图10-56）。

图10-56　删除目录样式

③编辑目录样式。

在【目录样式】对话框中，选中【样式】选项中要编辑的目录样式，然后点击【编辑】按钮 编辑(E)... ，弹出【编辑目录样式】对话框，根据需要修改相关选项的设置（图10-57），然后点击【确定】按钮，即可完成该目录样式的修改。

④载入目录样式。

在【目录样式】对话框中点击【载入】按钮，弹出【打开文件】对话框，选择包含要载入目录样式的文档，点击【打开】按钮，即可将选中文档中的目录样式载入到当前文档的目录样式中（图10-58）。

图10-57 编辑目录样式

图10-58 载入目录样式

第十一课　甜品菜单设计

1.技术分析

本例设计制作一份甜品店的菜单，综合运用图形、文字等知识，结合版式设计制作。

2.知识点

①页面设置

②钢笔工具

③文本

3.操作步骤

（1）新建文档

步骤1：新建文档。启动InDesign CC 2018，选择【文件】|【新建】|【文档】命令，或者按快捷键Ctrl+N打开【新建文档】对话框，在对话框中设置【页数】为1，起始页码为1，【宽度】为297毫米，【高度】为210毫米，页面方向为纵向，装订从左到右（图11-1）。

步骤2：设置边距和分栏。点击【边距和分栏】按钮，打开【边距和分栏】对话框，设置边距均为3毫米（图11-2）。

步骤3：设置完成后单击【确定】，完成新建文档的设置。

步骤4：随机排布页面。首先在页面面板点击■■新建页面，单击【页面】调板中的【调板菜单】按钮■■，在弹出的菜单中执行【允许文档页面随机排布】命令中，将【允许文档页面随机排布】前面的对号取消，回到页面面板将页面2移动到页面1右面（图11-3）。

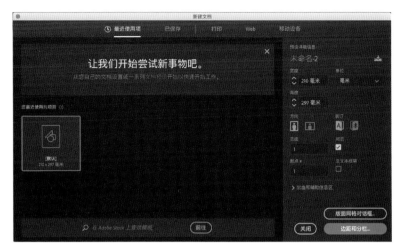

图11-1　新建文档

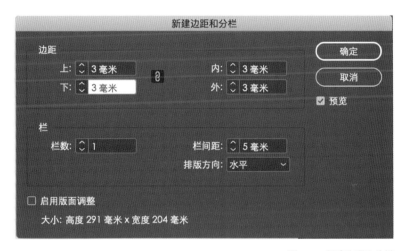

图11-2　新建边距和分栏

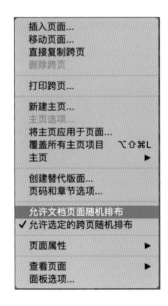
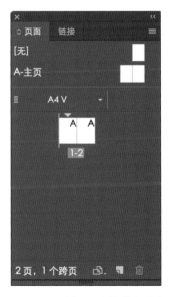

图11-3　随机排布页面

（2）设计背景

步骤1：选择【矩形工具】，在页面1延页边边缘绘制一个矩形，之后为矩形填充蓝色（C：95，M：80，Y：15，K：0）（图11-4）。

步骤2：绘制边框。沿页面内框线再次绘制一个矩形，之后选中该矩形和之前绘制的蓝色矩形，使用路径查找器中的【减去】命令，得到一个页面的外边框。

步骤3：置入图片。在电脑中找到需要置入的素材图片，直接拖拽到InDesign的操作窗口中，然后单击置入图片，之后勾选操作面板右上角【自动调整】 ☑ 自动调整 ，然后通过调整图片便捷框，来调整图片位置和大小，得到合适的效果（图11-5）。

图11-4　绘制外边框

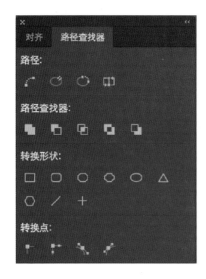

图11-5　外边框效果

步骤4：继续置入图片。在页面2中绘制直径为44mm的圆形，按住Alt键拖动复制出四个矩形，排列方式（图11-6）。选择【文件】|【置入】命令，打开【置入】对话框选择素材置入图片，之后调整图片位置和大小到合适的效果（图11-7）。

图11-6　置入图片

图11-7　继续置入图片

（3）添加文字

步骤1：选择【文字工具】T，在页面一种输入文字，字体为Futura，字号为20点。在字体两边用直线工具/画两条装饰线，长度为30mm，粗细度2点，描边颜色C：95，M：80，Y：15，K：0效果（图11-8、图11-9）。

图11-8　添加文字

图11-9　添加文字

步骤2：选择【文字工具】T，在页面2中输入文字，标题文字。

图11-10　绘制文字框　　　　　　　　　　图11-11　输入文字效果

步骤3：将绘制好的文字框拖到菜单标题文字下方，之后将文字框上面的文字颜色改为白色（图11-10）。

步骤4：到此菜谱就制作完成，在工具箱中选择演示文稿视图方式，可以将辅助信息隐藏起来，查看最终效果（图11-11）。

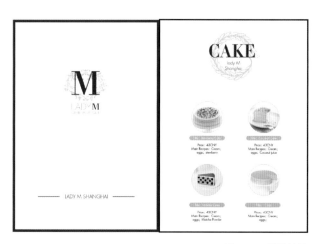

图11-12　最终效果

步骤5：保存文档。选择【文件】|【存储】命令，打开【存储为】对话框，选择保存的位置，输入保存名称，点击【保存】按钮即可（图11-12）。

第十二课　折页设计

折页在企业树立品牌的过程中有着不可忽视的作用，一般是为扩大影响力而做的一种纸面宣传材料，是一种以传媒为基础的纸制的宣传流动广告。折页具有针对性、独立性和整体性的特点，为商界所广泛应用。

1.技术分析

本例设计制作三折页，综合运用图形、文字等知识，结合版式设计制作。

2.知识点

①页面设置
②钢笔工具
③文本

3.操作步骤

（1）新建文档

步骤1：新建文档。启动InDesign CC 2018，选择【文件】|【新建】|【文档】命令，或者按快捷键Ctrl+N打开【新建文档】对话框，在对话框中设置【页数】为2，起始页码为1，【宽度】为297毫米，【高度】为210毫米，页面方向为纵向，装订从左到右（图12-1）。

步骤2：设置边距和分栏。点击【边距和分栏】按钮，打开【边距和分栏】对话框，设置边距均为3毫米，分栏为3个，栏间距为1毫米（图12-2）。

步骤3：设置完成后单击【确定】，完成新建文档的设置。

图12-1　新建文档

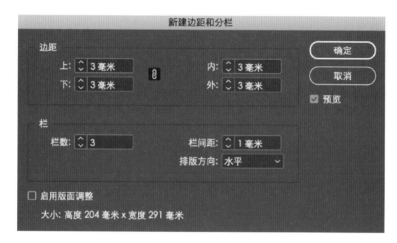

图12-2　新建边距和分栏

步骤4：排列多页折页。在页面面板，单击【页面】调板中的调板菜单按钮，在弹出的菜单中执行【允许文档页面随机排布】命令，将【允许文档页面随机排布】前面的对号取消，回到页面面板将页面2移动到页面1右面，当出现] 图标时松开鼠标，即创建多页面折页（图12-3、图12-4）。

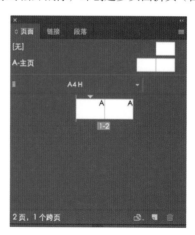

图12-3　创建多折页

图12-4　创建之后的面板

（2）设计背景

步骤1：运用【矩形工具】，在页面1绘制一组阵列矩形，并排列如图12-5所示，进入页面2的矩形部分需要使用路径查找器中的【减去工具】![icon]剪除干净，剪除以后将剩余的方块使用路径查找器中的【相加工具】![icon]拼合为一组。

步骤2：置入图片。选择拼合好的图形组，选择【文件】|【置入】命令，打开【置入】对话框选择置入素材图片，之后调整图片位置和大小，得到合适的效果（图12-6）。

步骤3：绘制背景色块。继续使用矩形工具，结合使用路径查找器中的【减去工具】![icon]，在如下区域（图12-6）绘制矩形背景色块，并填充颜色（C：64、M：0、Y：16、K：0）。

图12-5　绘制背景

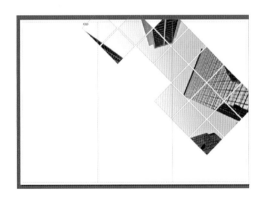

图12-6　绘制背景

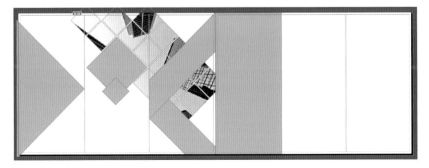

图12-7　绘制背景色块

步骤4：调整背景色块。选中图12-7中的色块，点击鼠标右键选择【排列】 | 【置于底层】，之后选择图12-8中的四组色块，将透明度调整到55%（图12-9）。

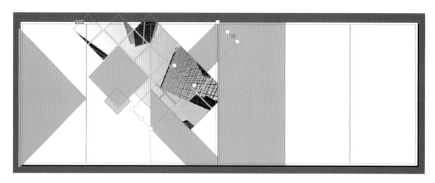

图12-8 将色块置于底层

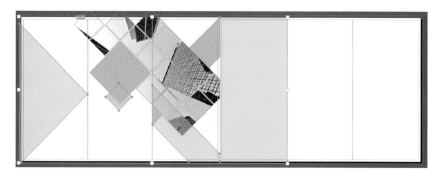

图12-9 调整色块透明度

步骤5：继续置入图片 在图12-10的位置放置一个正方形，之后选择【文件】 | 【置入】命令，置入素材图片，然后鼠标右击图片，将图片置于画面最底层（图12-11）。

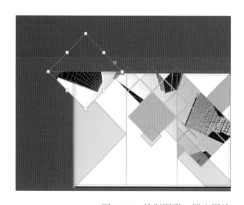

图12-10 绘制图形、置入图片

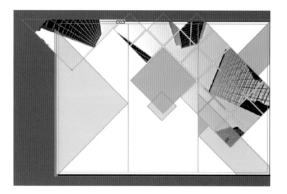

图12-11 将图片置于最底层

之后在页面2复制该页左侧的矩形（图12-12）。在该矩形中置入素材图片，最后将素材图片置入之前矩形的正下方（图12-13、图12-14）。

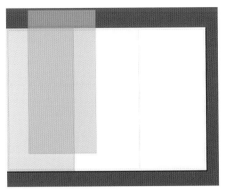

图12-12　复制一个矩形

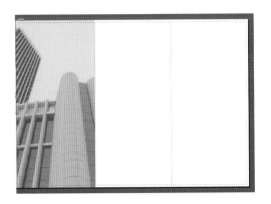

图12-13　将矩形置入画面底层

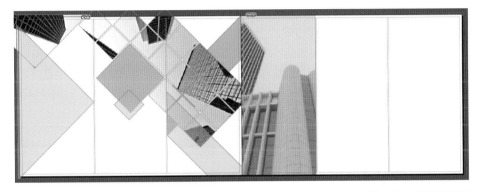

图12-14　目前画面效果

步骤6：绘制标题框。选择【钢笔工具】，在页面2绘制形状（图12-15）作为标题框；之后在页面2的右半部分绘制两个圆形（图12-16），并置入素材图片；最后利用【钢笔工具】【钢笔工具】以及路径查找器中的【相加】图标，制作两个附标题框（图12-17），具体步骤亦可参考案例1中的步骤3。

步骤7：在空白处适当绘制页面分割线。使用直线工具，在页面1的第一、二分栏之间的下半部，画一条直线作为分割，直线长度为65毫米，粗度为0.28点（默认），颜色为黑色；之后在页面2的第二与第三分栏中间，使用直线工具绘制一条分割线，长度为205毫米，粗度为3点，描边颜色（C:64、M:0、Y:16、K:0）（图12-18）。

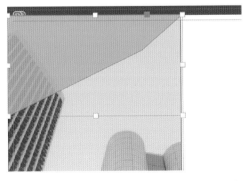

图12-15　用钢笔绘制标题框

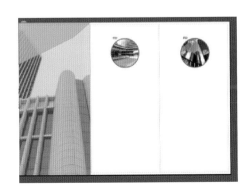

图12-16　绘制两个圆形

图12-17　加入两个附标题框

图12-18　绘制页面分割线

（3）添加文字

步骤1：选择【钢笔工具】在页面1 最左侧的芬兰粉蓝中，绘制一个三角形（图12-19），注意三角形边缘应与外部三角形保持平行。

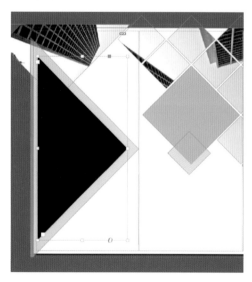

图12-19　绘制三角形

步骤2：选择【文字工具】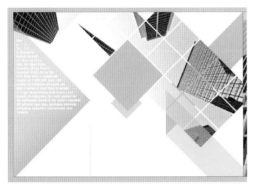，在绘制好的形状中点击输入文字，字体为Helvetica Neue，字号为12点，粗细度为bold（图12-20）。

步骤3：选择【文字工具】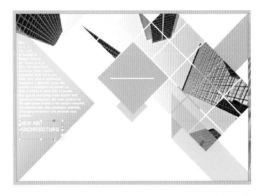，拖动鼠标建立文本框，输入文字，字体为Helvetica，字号为18点，粗细度为bold（图12-21）。

图12-20　添加标题文字图 图12-21　添加文字

步骤4：选择【文字工具】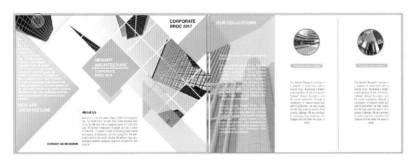，利用文字工具为余下部分添加适当文案，字体为Helvetica（图12-22）。

图12-22　输入文字效果

步骤5：到此三折页制作完成，在工具箱中选择演示文稿视图方式，可以将辅助信息隐藏起来，查看最终效果（图12-23）。

图12-23　最终效果

步骤6：保存文档。选择【文件】|【存储】命令，打开【存储为】对话框，选择保存的位置，输入保存名称，点击【保存】按钮即可。